作为知识的遗产：
响水稻作
探源与实践研究

侯学然 / 著

文化艺术出版社
Culture and Art Publishing House

图书在版编目（CIP）数据

作为知识的遗产：响水稻作探源与实践研究 / 侯学然
著.—北京：文化艺术出版社，2023.5
ISBN 978-7-5039-7419-9

Ⅰ.①作… Ⅱ.①侯… Ⅲ.①水稻栽培–文化遗产–
文化研究–宁安 Ⅳ.①S511–092

中国国家版本馆CIP数据核字（2023）第081382号

作为知识的遗产：响水稻作探源与实践研究

著　　者	侯学然	
责任编辑	丰雪飞	
责任校对	董　斌	
封面设计	马夕雯	
出版发行	文化艺术出版社	
地　　址	北京市东城区东四八条52号（100700）	
网　　址	www.caaph.com	
电子邮箱	s@caaph.com	
电　　话	（010）84057666（总编室）　84057667（办公室）	
	84057696—84057699（发行部）	
传　　真	（010）84057660（总编室）　84057670（办公室）	
	84057690（发行部）	
经　　销	新华书店	
印　　刷	国英印务有限公司	
版　　次	2023年7月第1版	
印　　次	2023年7月第1次印刷	
开　　本	710毫米×1000毫米　1/16	
印　　张	17.5	
字　　数	260千字	
书　　号	ISBN 978-7-5039-7419-9	
定　　价	78.00元	

自　序

　　农耕文明思想深深植根于中国文化的深层结构中。传统农业系统至今仍在为全球大约20亿人提供粮食，维系生物多样性、生计、实用知识和文化体系，农业文化遗产蕴含着人与自然和谐相处、协调共生的智慧与理念，对现代农业的发展具有极大的启示意义。随着工业化、城镇化的兴起，人们重拾对农业文明的热情，重新审视和重视农业文明社会中积累的尊重自然、与环境相协调的循环经济形态，并试图将这些成就给予永久性的保护和合理的利用。

　　遗产本身作为一种知识的存在，人类对知识的积累与遗忘如何生成现代性？本书整体上运用人类学和知识社会学的理论和方法深入研究（遗产）知识与社会的关系，以中国重要农业文化遗产——黑龙江宁安响水稻作文化系统为研究对象，对其两个核心要素即渤海国文化带和响水稻作农业乡村社会文化带进行实地考察，实现响水稻作探源与文化实践的相关探究，讨论文化遗产的相关保护议题，进而挖掘文化遗产的当代价值，为遗产复兴促进文化建设和乡村振兴提供新的诠释。

　　本书的主要目的是通过一个具体的农业文化遗产项目讨论作为知识的遗产之具体形态和内涵，以及文化遗产在社会文化建设、乡村振兴中的积极作用。通过理论创新，将文化遗产作为一种知识类型，运用知识社会学的研究范式，探讨农业文化遗产与社会、文化的互动关系。具体研究渤海文化底蕴深厚的宁安响水稻作文化系统的遗产化及现代转型，以及当地农业和乡村社会的协调发展路径。

　　农业文化遗产是中华文化的重要组成部分，本书追溯宁安响水稻作文化自渤海国兴起，到朝鲜移民此地进行水田开发，到被认定为中国重要农业遗产后的历史发展历程，进而探讨如何发挥和利用农业文化遗产的潜力资源，助力于构建新时代中国特色的现代农业社会新模式。

导论部分厘清农业文化遗产及其保护实践的意义和价值，对相关研究进行文献梳理，明确研究主题和内容、理论与方法。第一章追溯宁安稻作文化系统的自然和历史情况，对调查对象——稻作遗产核心区域进行整体的介绍。第二章重点呈现优越的自然条件和传统农业智慧共同塑造出的高品质稻米与稻作农业经济文化带。第三章对响水稻进行历史和文化探源，明确了品种、传统知识以及现代技术的结合对于该农业文化系统的贡献。第四章对农业文化遗产的各主体进行剖析，明确知识与多主体之间的关系。第五章展现作为农业文化遗产重要组成部分的非遗元素所特有的精神价值和文化生命。遗产复兴与乡村振兴战略的要求相契合。第六章通过农业考古实践和遗产的市场化等问题呈现遗产在助力乡村振兴中的重要作用。农业文化遗产凝聚着乡土社会中人与环境和谐共生的知识和智慧。第七章探究具体的知识研究如何挖掘出遗产的当代价值。结论部分反思日本遗产保护带给我们的启示，论证农业文明与遗产知识体系的紧密联结，并通过知识社会学和文化论对遗产研究进行反思：遗产如何与现代世界的知识体系相联结。本书试图开启"作为知识的遗产"研究新尝试。

获得博士学位后，我何其有幸，入职中国艺术研究院这一国家级综合性学术机构，得到了领导和学者们的指导和帮助，我万分期待在此一流的学术平台能够奉献自己的微薄之力。本书的选题来自在艺研院从事文化遗产研究过程中的启发，将遗产相关的研究领域与我擅长的农业农村社会研究进行了有效结合。田野工作开始之前，我与我的导师就主题进行了充分的讨论，明确遗产存在于知识的范畴，适用于知识社会学的研究方法。我要感谢他们对本书的创作和出版的关心与大力支持。

本书的完成还要感谢黑龙江省宁安市及渤海镇各相关单位的领导和老师们对我实地调研工作的协助，在时间紧任务重的情况下，他们积极帮我联系，为我的调研、访谈提供方便。感谢当地的农民和知识分子，他们慷慨地赠予我各类文献资料，在对话中，在访谈时，我发现本地人的思维模式已融入这一农业文化系统中，他们是掌握"地方性知识"的人，为我传授他们的知识和经验，帮助我理解他们的历史与文化，我渐渐地被他们的生存智慧、生活经验感染，成为这一文化和社会体系中的一部分。

最重要的是，我要感谢艺研院对于我学术研究的支持，让我并不完美的阶段性思考能够有机会被列入出版计划，希望我的下一个研究题目能够再多长出些"血肉"。因学识有限，本书的诸多问题还请读者指正。

侯学然

目 录

导　论

我国是世界上最早的农业起源中心区之一。回顾往昔，凝聚中华民族祖先智慧的农耕文明经过历史沉积，熠熠生辉，为民族的生存发展和文化创造奠定了坚实的基础。传统农业系统至今仍在为全球大约 20 亿人提供粮食，维系着生物多样性、生计、实用知识和文化。①

农业文化遗产蕴含着人与自然和谐相处、协调共生的智慧与理念，传统中国的农耕文明思想深深植根于中国文化的深层结构，对现代农业仍然有极大的启示意义。截至 2022 年年底，联合国粮农组织认定我国全球重要农业文化遗产增至 18 项，数量居世界首位，农业农村部已认定了六批 138 项中国重要农业文化遗产。本研究以中国重要农业文化遗产——黑龙江宁安响水稻作文化系统为研究对象，具体结合区域的自然条件、历史文化、农耕实践、传统技术以及文化系统中的"主体"，挖掘文化遗产的当代价值，对遗产复兴与社会文化建设、乡村振兴的关系进行新的诠释。

探讨知识产生、发展和传播的社会根源以及知识对社会的影响是知识社会学的普遍范式，本研究运用人类学的原理和方法深入研究（遗产）知识与社会的关系。遗产本身作为一种知识的存在，人类对知识的积累与遗忘究竟如何造成一种现代的可能性？本书的分析研究结合知识社会学理论和方法，通过宁安响水稻作文化系统的两个核心要素即渤海国文化带和响水稻作农业乡村社会文化带进行理解和考察，探究作为知识的遗产之具体形态和内涵、历史形成、现状、类型及其文化的社会基础和功能、价值等，进而关注遗产如何接入现代世界的知识体系，开启作为知识的文化遗产研究的新尝试。

---

① 联合国粮食及农业组织：《全球重要农业文化遗产的背景之战略和方法》，https://www.fao.org/ giahs/ background/strategy- and-approach/zh/。

第一节　农业文化遗产保护之思

一、遗产保护的兴起和实践

文化遗产是人类创造出的物质文化遗产和非物质文化遗产的总和。文化遗产作为开放性概念和由国家予以立法保护的理念，始于 19 世纪欧洲各国对历史建筑和艺术门类的认知转变，并不断从民族记忆和国家财富等层面将这种认识予以系统化，进而开启了立法保护的先河。著名的《关于历史性纪念物修复的雅典宪章》(《雅典宪章》)诞生于 1931 年，发轫于欧洲的这一浪潮不断向不同的社会文化体系传播蔓延，文物保护逐渐演变为文化遗产的原初理念。1972 年，联合国教科文组织《保护世界文化和自然遗产公约》刷新了对文化遗产"突出的普遍价值"和"人类共同遗产"的观念。2003 年，联合国教科文组织《保护非物质文化遗产公约》通过，"非物质文化遗产"作为一种保护理念正式登台亮相。作为整体，文化遗产的本体结构与物质结构——物质文化遗产和非物质结构——非物质文化遗产三者相互依存，难以割裂。①

2005 年 12 月，国务院下发《关于加强文化遗产保护的通知》，决定从 2006 年开始，每年 6 月的第二个星期六为中国的"文化遗产日"。2016 年 9 月，将"文化遗产日"调整设立为"文化和自然遗产日"。我们中华民族在漫长历史长河中，凭借独特而多样的自然条件，凭借劳动人民的勤劳与智慧，创造出种类繁多、具有崇高价值的文化和自然遗产。农业文化遗产兼具自然遗产、文化遗产和非物质文化遗产等多重特征，属于"新型"复合遗产类型。2022 年也是联合国粮农组织发起全球重要农业文化遗产保护倡议 20 周年、中国重要农业文化遗产发掘与保护工作启动 10 周年、联合国教科文组织《保护世界文化和自然遗产公约》发布的第 50 年。通过多年的农业文

---

① 参见王福州《论非物质文化遗产的本质》，《中国非物质文化遗产》2022 年第 2 期。

化遗产保护实践，我国在遗产发掘与保护、利用与发展方面积累了很好的经验，在国际上起到示范作用。中国重要农业文化遗产项目能够更好地保存传统技术和知识，促进农民生计和乡村的发展与繁荣。

现代意义上的文化遗产保护通过国家立法来明确大约始于 19 世纪中叶，希腊 1834 年有了第一部保护古迹的法律；1840 年，法国公布了首批保护建筑 567 栋，1887 年通过了第一部历史建筑保护法；英国 1882 年颁布《古迹保护法》，1900 年颁布第二部《古迹保护法》。[①] "一战"后成立的国际联盟寻求保护文化遗产的有效方法，呼吁世界各国要互相尊重彼此的遗产，合作保护文化遗产。"二战"后，联合国成立，发起了文化遗产保护运动，1954 年 5 月在海牙通过了《武装冲突情况下保护文化财产公约》。1959年，埃及和苏丹联合向联合国教科文组织请求帮助保护因修建阿斯旺水坝而即将被水库淹没的努比亚阿布辛拜勒神庙等古遗址群和有关文物。1960 年，联合国教科文组织发起了"努比亚行动计划"，此次保护行动成为首次世界性联合保护人类遗产的行动。在此之后，文化遗产是"人类共同的遗产"和"人类分担保护这些遗产的责任"的理念开始被广泛接受。

20 世纪 60 至 70 年代，世界范围内形成了一个保护文化遗产及其环境的高潮。1965 年在华盛顿召开的"世界遗产保护"白宫会议提出了"世界遗产"的概念，还建立了旨在保护人类自然和文化遗产的"世界遗产信托基金"，通过了一系列国际公约、建议和宪章，确定保护的原则，协调各国的文化遗产保护工作。主要文件有《国际古迹保护与修复宪章》（简称《威尼斯宪章》）、《保护世界文化和自然遗产公约》（简称《世界遗产公约》）、《关于历史地区的保护及其当代作用的建议》（又称《内罗毕建议》）、《保护历史城镇与城区宪章》（又称《华盛顿宪章》）、《奈良真实性文件》。1972 年获得联合国通过的《保护世界文化和自然遗产公约》最为成功，在全球范围内开启了一场上自各国际组织和各国政府，下到具体地方和普通老百姓广泛参

---

① 参见李明、王思明《农业文化遗产学》，南京大学出版社 2015 年版，第 2 页。

与的世界遗产的保护运动，引发世界性的文化与自然遗产申报、分享和保护运动。[1]

到20世纪70年代初，面临经济全球化、市场一体化、文化趋同化、环境污染化等发展特征，保护文化多样性、保护生态环境、文化共享及可持续发展等现代理念也日渐清晰，"世界遗产"与"环境保护"的理念日益明确。20世纪90年代以后，新的遗产类型不断出现，人们从关注人类历史和文明的伟大的遗迹转向关注人类文化多样性、文化交流相关的重要遗存。无形文化遗产、文化景观、工业遗产、农业遗产等新的遗产概念和类型的提出试图通过对民族、地方文化的多样性的保护以实现世界的可持续发展和文化平等。

我国自20世纪80年代加入国际文化遗产保护体系，近几十年实现了跨越式发展。随着中国社会经济、文化的发展，中国的文化遗产保护如火如荼地开展，保护文化遗产的理念逐步在社会各界得到传播和认同。

二、农业文明与全球重要农业文化遗产

由于工业化、城市化的兴起，人们重拾对农业文明的热情，重新审视和重视农业文明社会中积累的尊重自然、与环境相协调的循环经济形态，并试图将这些成就给予永久性保护和合理的利用。

全球重要农业文化遗产（Globally Important Agricultural Heritage Systems，GIAHS），根据联合国粮食及农业组织（FAO）的定义，是指"农村与其所处环境长期协同进化和动态适应下所形成的独特的土地利用系统和农业景观，这些系统与景观具有丰富的生物多样性，而且可以满足当地社会经济与文化发展的需要，有利于促进区域可持续发展"[2]。全球重要农业文化遗产评

---

[1]　参见曹兵武《文化遗产：概念发展与社会进步》，《中国文物报》2006年7月14日。
[2]　GIAHS定义参见联合国粮农组织。

选始于 2002 年，不同于联合国教科文组织负责管理的世界遗产[①]，是景色优美的景观系统，结合了农业生物多样性、韧性生态系统以及宝贵的文化遗产。全球重要农业文化遗产点分布在世界各地，以可持续方式供应多种产品和服务，为亿万小农保障粮食和生计安全。[②]

世界各地的世代农牧民、林农、渔民以多样化的物种及其相互作用为基础，利用适于当地条件的独特的技术和实践，创造、发展并保持着一些专门的农业文化系统和艺术景观，不断调整生产方式，在当地动态知识和实践经验基础上建立了巧夺天工的农业文化系统，体现出人类与自然环境的协调发展，维持农业生物多样性、提供人类赖以生存的产品，形成具有自我调节能力，与人类合理互动的生态系统，进而成为具有重要价值的农业文化遗产。

GIAHS 的特征是生物多样性，包含农业系统、生态系统和农业生态景观的多样性。从古代农业文明中生发出的这些系统，具有强大的恢复能力与适应能力，加之人类参与管理的策略变化，使其不断适应技术与文化更新，与其他系统之间不断交互推进。伴随着经济和技术的快速发展，生存的压力迫使农民过度开发资源、采用不可持续的生产方式，许多农业文化遗产及其生物多样性和生态环境面临威胁。由于人口大量迁移造成传统农业方法被弃用，以及地方物种和品种的损失，当农业市场和产能受到更多的重视，难免会忽视农业生产和文化系统的研究和保护，忽视农业系统的相关知识体系和传统农耕文化，全球重要农业文化遗产的传承具有断裂的风险，因此，对其的保护和发展具有重要的全球意义。代代相传的农业系统是农业创新与技术的根基，GIAHS 项目的总体目标是确定和保护全球重要农业文化遗产系统及其相关景观、农业生物多样性和知识系统，其提出和实施致力于保护和可持续利用生物多样性，具体做法是推动和制定长期计划并通过动态保护、可

---

① 中文维基百科：全球重要农业文化遗产（https://www.so.studiodahu.com/wiki/%E5%85%A8%E7%90%83%E9%87%8D%E8%A6%81%E5%86%9C%E4%B8%9A%E6%96%87%E5%8C%96%E9%81%97%E4%BA%A7）。
② 参见联合国粮食及农业组织对全球重要农业文化遗产的界定（https://www.fao.org/giahs/zh/）。

持续管理和提高生存能力使全球、国家和地方受益。因此，GIAHS 项目更强调人与环境的共存和可持续发展，承认并促进地区和全球范围内当地农民和少数民族等群体对于传统知识体系等方面的贡献，意在引起全世界对农业文化遗产这一自然与文化综合系统和农、林、牧、渔相结合的复合型遗产的关注，促进农业发展和乡村振兴。

全球重要农业文化遗产系统也是植物、动物、人类与景观在特殊环境下共同适应与共同进化的系统，其主要特征及遴选标准包括：第一，有助于当地社区的粮食和生计安全。第二，具有全球重要性的粮食和农业生物多样性①与遗传资源。第三，应保持当地宝贵的传统知识和做法、巧妙的适应性技术和自然资源管理系统。第四，与资源管理和粮食生产相关的社会组织②、价值体系和文化习俗可以确保自然资源保护和促进其公平使用和获取。第五，应表现为稳定或演化非常缓慢的陆地及海洋景观。

截至 2022 年 5 月，我国全球重要农业文化遗产增至 18 项，数量居世界首位。我国最新认定 3 个项目：福建安溪铁观音茶文化系统运用独特的茶叶传统知识和对茶园的精心护理，确保最佳条件下的茶叶种植和生态系统的长期稳定；内蒙古阿鲁科尔沁草原游牧系统作为"全球可持续牧业和脆弱牧场管理"典范，是我国首个入选的游牧类全球农业遗产地；河北涉县旱作石堰梯田系统作为雨养农业系统，保留了丰富的传统品种和环境友好的耕作技术，创造出被誉为"中国第二个万里长城"的北方旱作山地梯田景观。总而言之，中国入选全球重要农业文化遗产系统的项目，对于现代农业的可持续发展、生物多样性的维护、环境的治理、美丽乡村建设、人民物质精神生活

---

① 联合国粮农组织对农业生物多样性的定义如下："直接或间接用于粮食和农业用途的各种动物、植物和微生物，包括种植业、畜牧业、林业和渔业。其中包括用于食品、饲料、纤维、燃料和药品用途的各种各样的遗传资源（动植物品种）和物种。还包括支持农业生产的非收获物种（土壤微生物、捕食者、传粉媒介）的多样性，以及支持农业生态系统（农业、牧业、林业、水生）的更广泛环境中的物种多样性，以及农业生态系统中的物种多样性。"（https://www.fao.org/giahs/become-a-giahs/selection-criteria-and-action-plan/zh/）

② 社会组织被定义为在农业系统组织和动态保护中发挥关键作用的个人、家庭、团体或社区。地方社会组织在平衡环境与社会经济目标、建设和提高抵御能力以及重建对于农业系统运行至关重要的所有要素和进程方面可发挥关键作用。

的提高都具有重大的经济、生态、社会和文化价值。

　　农业文化遗产诞生于人类农业文明的土壤之中，在世界农业生态危机愈加深重、全球外部风险挑战日益增多的背景下，生存与发展的物质前提——农业生产承受巨大威胁。对农业文化遗产系统造成的侵袭需要全人类共同推动农业文明互鉴，秉持文化融合理念，提升跨区域合作机制水平，重视农耕智慧并积极探索现代科技与传统农业的结合。农业文化遗产充满人民智慧，发源于乡村，展现一方水土、社会、经济、人文，是历经实践检验的独特土地利用系统，其背后所蕴藏的本土知识在漫长的历史进程中有效地缓解了人类共同面临的社会失序、生态危机、文化失语等困局，也因此构成了全球农业文明图景的基本样态。[①]遗产系统内部所蕴含的丰富生态哲学思想和生态循环理念，如果其内含的多重要素一旦消失，其独特的生态、经济和文化效益也将永远消失。[②]这种不同文明主体经由线路贸易、征战冲突、人群迁徙等方式所开展的作物资源、生产技术等的交流互鉴造就诸多传统农业生产系统的同时也深刻地改变了自然生境、饮食结构、种植制度等以及不同的社会形态和文化发展轨迹。[③]农业文明互鉴实践对社会进步和文明发展具有举足轻重的作用，并随着生产力发展及各国相互依存程度不断深入，GIAHS 作为全球农业文化交流和农业文明互鉴的载体，在应对消耗大量自然资源、超越自然环境承载力的生产方式造成的资源衰竭、生态退化等问题时，挖掘出传统农业生产系统仍保持较高产和可持续性的潜力所在，以及农业文化遗产对于缓解当代农业生态危机的价值。

　　农业文化遗产充满智慧精髓，起源和动态发展于世界各地不同的自然地理环境及人类社会中，蕴含的传统知识与本土智慧需要通过不同农业文明互鉴，从各自内部汲取传统生态农耕智慧和保护传承的经验，进而改变粗放经

[①] 参见伽红凯、陈晖《GIAHS 农业文明互鉴的理论逻辑、实践探索与路径思考》，《中国农业大学学报（社会科学版）》2022 年第 3 期。

[②] 参见李文华《农业文化遗产的保护与发展》，《农业环境科学学报》2015 年第 1 期。

[③] 参见钱耀鹏《丝绸之路形成的东方因素分析——多样性文化与人类社会的共同进步》，《西北大学学报（哲学社会科学版）》2007 年第 4 期。

营的生态资源利用方式与观念，开展的优秀传统农耕的交流和沟通，实现资源整合和优势互补。每个农业文化遗产都呈现了农业的辉煌成就以及农村的可持续发展并且具有活态性特征，GIAHS 推崇的农林复合、稻鱼共生、梯田耕作等传统农耕模式，能够推动特色农产品的生产。如浙江青田稻鱼共生系统在我国农业的互相借鉴中衍生出了稻田养虾、稻田养蛙等模式，产出了盱眙龙虾等地理标志农产品。黑龙江宁安响水稻作文化系统产出了响水大米这一高品质农产品，亦是地理标志农产品，凭借其独特的可持续生产技术、生物多样性以及抗灾害能力等优势在当地农业生产系统中占重要地位。此外，农业景观包含农业生态景观和农业文化景观成为旅游活化利用的宝贵资源，推动了保护性农业文化遗产的旅游和开发。

三、我国重要农业文化遗产研究溯源

关于农业遗产的论述国内最早提法应是"整理祖国农业遗产"的口号。[①]1956 年，我国农业遗产研究的奠基人万国鼎先生在《人民口报》发表的《祖国的丰富的农学遗产》指出，整理祖国农业遗产必须充分掌握古农书和其他书籍上的有关资料，同时必须广泛而深入地调查研究流传在农民实践中的经验。

我国著名农史学家石声汉先生在《中国农学遗产要略》中对"农业遗产"进行了界定，认为其内涵是"从祖先继承下来的农业科学技术知识遗产"，其外延包括"具体实物"（可以由感官直接感知的农业遗产中的生产手段部分，包括生物、农具、有关设施等）和"技术方法"（用语言、文字加以总结整理的理性知识，包括直接用于农业生产的栽培饲养技术、农村生活所必需的家庭副业技术及农谚、民间传说等反映农事活动经验和知识的非物质文化遗产）两个大类。[②]民俗学专家苑利认为，"农业遗产"的内涵是

① 参见李根蟠《农史学科发展与"农业遗产"概念的演进》，《中国农史》2011 年第 3 期。
② 参见石声汉《中国农学遗产要略》，农业出版社 1981 年版，第 1—2 页。

指那些人类在历史上创造，并以活态形式原汁原味传承至今的各种优秀的农业生产知识和农业生产技能，要保护的"农业遗产"，既不应包括已经成为"文物"或"遗址地"的文物遗址类农业遗产，也不应包括图书文献类农业遗产，这种基于民俗学视角的界定过于局限。

全球重要农业文化遗产系统在全球层面促进对遗产系统的概念和农业生物多样性的国际认可，从试点国家的项目活动中汲取经验并解决基层保护和适应性管理等问题。2005年，联合国粮农组织在包括我国在内的6个国家选择了5个不同类型的传统农业系统作为首批保护试点。中国最早响应并积极参加全球重要农业文化遗产项目，浙江青田稻鱼共生系统成为首批保护试点，并于同年成为列入首批四个全球重要农业文化遗产保护项目之一。随后，我国在农业文化遗产的科学研究、试点推荐、经验推广、科普宣传等方面大量实践，使我国农业文化遗产的保护和管理逐步走向规模化、制度化和科学化，许多地区积极参与农业文化遗产保护和申报工作。我国在世界范围内是农业文化遗产类型最多、分布最广的国家，我们的劳动人民顺天时、讲地利、重人和，在长期的农业劳作中孕育出"应时、取宜、守则、和谐"的农耕文化，保障了我们的粮食供给和生计安全，创造出历史悠久、类型众多的农业生产系统。

我国不仅是世界农业文化遗产的倡导者、推动者，也是实践者和受益者。中国重要农业文化遗产是指人类与其所处环境长期协同发展中，创造并传承的独特的农业生产系统，这些系统具有丰富的农业生物多样性、传统知识与技术体系和独特的生态与文化景观等，对我国农业文化传承、农业可持续发展和农业功能拓展具有重要的科学价值和实践意义。农业部于2012年启动"中国重要农业文化遗产"的评选，使我国成为世界上第一个开展国家级农业文化遗产评选与保护的国家。2013年5月，农业部公布了"第一批中国重要农业文化遗产"名单，包含新疆吐鲁番坎儿井农业系统等19个项目。2014年6月，农业部公布了"第二批中国重要农业文化遗产"名单，包含广西龙胜龙脊梯田系统等20个项目。2015年10月，农业部公布了"第三批中国重要农业文化遗产"名单，包含黑龙江宁安响水稻作文化系统等 23 个项目。

农业文化遗产是中华文化的重要组成部分。在乡村振兴的发展战略中，发挥和利用农业文化遗产的潜力资源，对于由传统农业向现代农业转型的今天，具有更深刻的时代价值，助力于构建新时代中国特色的现代化农业新模式。

为贯彻乡村振兴战略，落实《中共中央　国务院关于做好 2022 年全面推进乡村振兴重点工作的意见》提出的"启动实施文化产业赋能乡村振兴计划"，文化和旅游部、教育部、自然资源部、农业农村部、国家乡村振兴局、国家开发银行联合印发《关于推动文化产业赋能乡村振兴的意见》提出要"推动高质量发展，实现巩固拓展脱贫攻坚成果同乡村振兴有效衔接，促进共同富裕，牢牢守住保障国家粮食安全和不发生规模性返贫两条底线，强化以城带乡、城乡互促，以文化产业赋能乡村人文资源和自然资源保护利用，促进一二三产业融合发展，贯通产加销、融合农文旅，传承发展农耕文明，激发优秀传统乡土文化活力"。在具体举措上，以中国重要农业文化遗产为依托，提出实施乡村旅游艺术提升行动，培育乡村非物质文化遗产旅游体验基地，支持有条件的中国重要农业文化遗产地建设农耕文化体验场所，鼓励和支持文化工作者深入中国重要农业文化遗产地，挖掘农耕文化中蕴含的优秀思想观念、人文精神、道德规范，不断深化优秀农耕文化的传承、保护等利用文化资源和其他文化产业赋能的具体形式。

保护农业文化遗产就是在保护乡土社会与文化，而挖掘村落文化资源的过程，就是在乡村凋敝背景下的社会动员，是凝聚村落的情感因素的表达与传递。[①] 通过乡土文化资源的挖掘可以实现主体自我发展能力的提升，作为乡土文化资源的载体，农业文化遗产是激活贫困主体文化自信的天然资源，我国绝大多数地区文化资源丰厚，对于国家乡村振兴战略的实施具有重要的

[①] 参见于哲《从文化扶贫到社区营造：陕西佳县泥河沟村的实践路径》，《中国农业大学学报（社会科学版）》2022 年第 3 期。

现实意义。让承载着乡土文化资源的"绿水青山"转变为"金山银山"，让农民的主体性在深度参与村庄公共事务中被显现，是农业文化遗产保护的要义。东方农业社会长期秉持可持续发展理念，进行朴素的农耕实践，《四千年农夫：中国、朝鲜和日本的永续农业》一书中说道："假如能向世界准确而全面地阐述单纯依靠中、日、朝鲜三国的农产品便能养活如此多人口的原因，那么农业便可当之无愧地成为最具教育意义、社会意义和发展意义的产业。"① 中国的劳动人民顺应天时、藏粮于技，对于传统农耕实践与生态智慧的新阐释势在必行，以期在为农业文明互鉴提供借鉴范本的同时，实现"东方智慧"的国际传播，让农业文化遗产赋能乡村振兴。②

第二节　相关研究简述

中国作为最早的"全球重要农业文化遗产"保护工作的参与国，对于农业文化遗产的理论与实践探索至今已有二三十年时间，学界关于文化遗产以及农业文化遗产的相关研究主要围绕农业文化遗产的内涵与文化系统研究、传承与保护研究以及农业文化遗产的理论与实践反思研究。本研究认为，遗产是思想和价值观念的交流媒介，是一种根植于地方和地区的知识，作为知识的遗产和论述的叙事可以将当地与全球进行网络沟通，使区域知识接入现代世界的知识体系，作为知识的遗产研究值得我们进行新的知识社会学视角的讨论。

---

① ［美］富兰克林·H. 金：《四千年农夫：中国、朝鲜和日本的永续农业》，程存旺、石嫣译，东方出版社 2016 年版，第 3 页。
② 参见伽红凯、陈晖《GIAHS 农业文明互鉴的理论逻辑、实践探索与路径思考》，《中国农业大学学报（社会科学版）》2022 年第 3 期。

一、文化与文化系统的相关研究

（一）文化进化与变迁

文化研究自然是人类学的专长。怀特的新进化论界定了文化的四大范畴：技术的、社会的、意识形态的以及情感或态度的。他对文化的技术领域赋予了牢固的优先性，把技术看作社会的和意识形态的系统得以生发的基础。某一人群的社会组织不仅依赖他们的技术，还在相当大程度上在形式和内容方面被技术决定……狩猎、捕鱼、采集、农耕、放牧、采矿，所有原材料得以被转换，为了人类消费的需要而制备妥当的过程，不仅仅是技术过程也是社会过程。[1] 技术决定了文化和生活的其他方面，技术是文化发展的基础。这个理论非常适用农业文化系统的研究，怀特的文化进化理论以及文化学理论对作为环境的、社会的和意识形态行为遗留物的物质遗存的解释的主张在诸如生态人类学、比较民族志以及新考古学之类的领域得到推崇。[2]

文化变迁理论作为人类学研究的基础理论，包括文化传播、文化涵化、文化接触概念。文化变迁理论一般指由于文化自身的发展或异文化间的接触交流，造成的文化内容或结构的变化。以文化为主要研究内容的文化人类学一直极为关注文化变迁现象。20 世纪 70 年代左右，人类学家受新马克思主义理论的影响，在沃勒斯坦（Immanuel Wallerstein）的现代世界体系理论[3]、弗兰克（Andre Gunder Frank）的依附理论[4] 寻找研究的理论依据，对处于弱势地位的目的地进行文化关怀。社会内部和外部的发展变化，体现其特征的文化特点也随之变化，促使其文化系统发生适应性变化，变迁是绝对的、永恒的。文化变迁又包括主动变迁、被动变迁和指导性变迁等类型，变

[1] 参见［美］莱斯利·A.怀特《文化的科学——人类与文明研究》，沈原、黄克克、黄玲伊译，黄世积校，山东人民出版社 1988 年版。
[2] 参见［美］杰里·D.穆尔《人类学家的文化见解》，欧阳敏、邹乔、王晶晶译，李岩校，商务印书馆 2009 年版，第 209 页。
[3] 参见［美］伊曼纽尔·沃勒斯坦《现代世界体系》（第二卷），郭方、吴必康、钟伟云译，郭方校，社会科学文献出版社 2013 年版。
[4] 参见［德］安德烈·冈德·弗兰克《依附性积累与不发达》，高戈等译，译林出版社 1999 年版。

迁模式的各个环节之间并非单向的而是相互作用的。

　　布迪厄文化再生产理论中"文化再生产"是 20 世纪 70 年代初提出的概念。在《教育、社会和文化中的再生产》中，他运用此理论分析资本主义的文化制度如何在人们的观念里制造出维护现存社会制度的意识，从而使得现存的社会结构和权力关系被保持和再生产。具体形式、客观形式和体制形式的文化资本以精神或肉体、文化产品的形式存在，赋予文化资本一种社会权力。①

（二）文化生态学

　　斯图尔德认为不同文化之间明显的相似性能够被解释成对结构上相似的自然环境的适应，他主张并非所有的社会都经历了相同的文化发展阶段，关注点从文化历史转移到了文化进化上。他以两个重要概念对人类学理论做出了重大贡献：文化生态学和多线进化论。② 斯图尔德对人类及其环境之间的适应性关系非常关注，文化生态学是对某一社会适应环境的过程的研究，其首要问题是判定这些适应措施是否引发了带来进化意义上变迁的社会内部转变，认为环境与文化之间的联系是非常清楚的，他文化生态学式的立场并不排斥文化变迁的其他过程，如传播或创新。③ 通过强调人类的适应性以及人类社会与自然资源之间的多样化关系，文化生态学同时为斯图尔德关于文化变迁的理论——多线进化论提供了分析焦点和经验基础。

　　尽管在学术渊源上承自马克思和恩格斯，哈里斯却勾勒出了一种独特的文化视角。不会诉诸人类本性、不同文化的独一无二，或者诸如核心价值、深层结构或超机体之类，相反，哈里斯将要发展技术——环境以及技术——经济的决定论原则。这种原则坚持认为应用于相似环境的相似技术倾

---

① Bourdieu Pierre, *Cultural Reproduction and Social Reproduction in Knowledge Education and Cultural Change*, Edited by Richard Brown, London：Tavistock, 1971, pp.98-110.
② 参见［美］朱利安·斯图尔德《文化变迁论》，谭卫华、罗康隆译，杨庭硕校译，贵州人民出版社 2013 年版，第 113 页。
③ 参见［美］朱利安·斯图尔德《文化变迁论》，谭卫华、罗康隆译，杨庭硕校译，贵州人民出版社 2013 年版，第 120 页。

向于产生在生产和分配上对劳动力的相似安排，这些导致了社会集群的相似类型，这些群体用相似的价值和信仰系统来合法化和调节他们的活动。文化唯物主义将优先性赋予对社会文化生活的物质条件进行的研究。与此相关的问题并不是行动的"事实"与人们思想的关系或者观察到的社会文化现象之"事实"与体验到的社会文化现象之间的关系。① 相反，哈里斯作出两组区分：一是心智和行为事件之间的区分；二是主位与客位事件之间的区分，主位观点揭示的是一种参与者的观点，客位观点则是从观察者角度出发。简而言之，理解文化模式首先要求从基础结构方面——文化和自然的交界如生计、居住、人口等加以表达来解释现象，其次理解这些变迁如何重塑结构和上层结构。基于反思，格尔兹提出文化是植根于个体所持的价值和意义之中，是一门"并非寻找法则的经验科学，而是寻找意义的解释性学科"，文化行为是意义与符号间互动的产物，人类学的分析目标是使文化变得可以阐释。②

（三）地方性知识

"地方性知识"是阐释人类学的一个核心命题，格尔兹认为地方性知识的获得、深化和校验可以通过人类学家与文化持有者的对话、深入文化个案的实例研究来完成，注重主体在认识活动过程中的能动意识，从而借助对文化符号的深描来达到对文化实体存在之内在意义的阐释。农业文化遗产这些结构复杂的农业生态系统及其农业生物多样性景观，只有通过系统整体的途径，通过不同主体的广泛参与，并以当地人民的传统知识和经验为基础，才能得到有效的保护和可持续的管理。因此传统知识的研究回顾非常必要。

薛达元等充分考虑《生物多样性公约》作为传统知识保护与惠益分享的推动作用，将传统知识划分为传统利用农业生物及遗传资源的知识、传统利

① 参见［美］杰里·D.穆尔《人类学家的文化见解》，欧阳敏、邹乔、王晶晶译，李岩校，商务印书馆2009年版，第226页。
② 参见［美］克利福德·格尔兹《文化的解释》，纳日碧力戈等译，王铭铭校，上海人民出版社1999年版。

用药用生物资源的知识、生物资源利用传统技术创新与传统生产生活方式、与生物资源保护与利用相关的传统文化、与习俗和传统地理标志产品五个主要类型。①

美国文化人类学家格尔兹在 20 世纪 70 年代提出的解释人类学主张人类学家应该从在地文化持有者的解释去"深描"对象社会的"地方性知识"，进而对当地文化持有者的解释予以理解或再解释，取代科学、客观地记录和反映他者文化，若想要通过理清一些不同观念的结构，进而去塑造自己的知识，就不可避免"地方化"，像真正的当地文化持有者一样去思考、去感知，重视地方性知识。所谓地方性知识，指地域社会里一般民众所共享的知识，是普通人可以信赖的常识，人们通过这些类似"库存"一样的知识来组织和解释他们的生活世界，或使其中习惯性或经验性的知识发挥其参考作用，进而得以经营他们自己的日常生活。②

（四）文化演进与交流融合

研究文化史的美国人类学家拉尔夫·林顿追溯了文化的演进过程，把人类文化比作一棵热带大榕树，扎根在史前文化悠远的土壤之中，逐渐长出了许多附生的树干，大树枝杈横生相互织结，最终长成一片交叠的丛林。这就好似人类的文化，人类的文明起源是多源头并行发展并相互影响交相辉映，人类文化的演进像是枝干交织的大榕树。林顿以科学发现、技术发明、制度演进为核心和影响文化发展的里程碑，在横向的空间平面上，将人类文化分为若干大文化区，各文化区是相互影响渗透的文化复合体，在文明兴起、发达程度上纵使千差万别，却也有各自特色和共同的模式。对中国文明的论述中，林顿认为中国文化大一统的历史比世界上任何其他文明都要长，尽管中国文明绝不是最古老的文明，然而，中国文化整合为一体的时间早且从未发生崩溃，始终以不同程度的有效性继续发展与其他文化的接触非常多。

---

① 参见薛达元、郭泺《中国民族地区遗传资源及传统知识的保护与惠益分享》，《资源科学》2009 年第 6 期。

② 参见周星《民俗语汇·地方性知识·本土人类学》，《社会学评论》2021 年第 3 期。

通过考察世界文化史，林顿提出三个文化突进期，第一个的标志是火的使用、工具的制造和语言的起源，第二次在于农牧业的兴起，第三期始于工业革命，并预言了第四次以核技术和空间技术为核心的第四次文化突进期的到来。以中国为例，现代的科学农业推广之前，中国的农作物和栽培方法在世界上大概是最为优秀的，有能力支持密集的人口，古代中国就关注政治理论和政治实践，形成了一套培育遴选精英人才的技巧，且很早创造了文字，历史文献汗牛充栋，林顿认为这几个因素促成了中国文化的优势①，中国人经历了三千多年的非常严酷的自然选择过程，经历了饥荒、疾病和各种各样的竞争，在较差条件下的生存能力非常强，以此说明适应环境变化的文化至关重要，文化是在群体中诞生和发展起来的。

埃德蒙·利奇是当代著名的英国社会人类学家，结构主义人类学、象征人类学的代表人物，他认为，文化在于交流，文化事件本身复杂的内在连接性，与参与那些事件的人们传递着信息，人类学观察者对其所观察的复杂现象之中所蕴藏的信息进行译解。②他把文化作为人类传达与交流信息的体系来把握，人类学研究以解读文化事象所传达的信息密码的意义为己任，对文化及其象征意义进行结构的分析以揭示其内在的逻辑。人类文化就是各种传达信息的体系，人类行为的意义在于它使各种传达得以实现，构成了人类文化的根基。利奇把语言作为传达与信息交流的符号系统扩大应用到各种非语言的文化现象之中，诸如服装、饮食、建筑、姿势、社交、礼仪以及各种习俗等，都可以假定其以语言体系为模型而能够加以符号化的处理。③

各文明间持续或间断的接触与融合、分裂与冲突推动人类文明历史的演进。费孝通认为，"正是由于不同文明间在政治、经济、文化、生态等领域的双向接触、冲突与融合，引起双方重新思考"④。互动融合中碰撞形成的

---

① 参见［美］拉尔夫·林顿《文化树——世界文化简史》，何道宽译，重庆出版社1989年版。
②③ 参见［英］埃德蒙·利奇《文化与交流》，卢德平译，华夏出版社1991年版。
④ 费孝通著，方李莉编：《全球化与文化自觉——费孝通晚年文选》，施晓菁译，外语教学与研究出版社2021年版，第77页。

"异文化"在经"消化"和"改造"后，成为各自文明中的内容，从封闭、独立到你中有我又各具特色的状态转变。农业文化遗产类型是当地劳动人民同自然协同后凝成的智慧成果，在文化认同的基础上，不同地区不同类型的遗产要通过交流进行保护与发展。

二、人类学的稻作文化系统研究

人类学的稻作研究非常丰富，但缺乏从农业文化遗产角度切入的研究。人类学有关稻作农业的研究中，得到学科广泛讨论和应用的首先当属格尔兹的《农业内卷化——印度尼西亚的生态变迁过程研究》[1]，20 世纪 50 年代，格尔兹作为成员之一，在鲁弗斯·亨顿（Rufus Hendon）指导下的印度尼西亚实地考察研究小组中，把跨学科研究应用于印度尼西亚的政治地理区域，开始了人类学及对于印尼社会的关注，引入文化生态学的分析模式，认为爪哇农民的水稻梯田，既是文化发展历史进程的延伸产物，也可能是其"自然"环境中最直接最重要的组成部分，与工作组织方式、村落结构形式和社会分层过程紧密结合。基于对印尼灌溉农业和刀耕火种两种生态类型的深刻认识，格尔兹认为人口增加和社会文化演进都与生态类型的结构有着密切的关系。由于西方技术的应用、灌溉水稻的广泛推广、发展现有的水利工程等因素，稻田农业的复杂生态一体化已在印尼基本实现，在特定系统内通过逐步的技术进步实现经济进步。在巴厘剧场[2]的研究中，巴厘岛水稻种植的生产单位是梯田和水利队，灌溉会社起到合作、协调和分配的作用。[3] 所以，只要灌溉设施得到维护，农业技术达到合理水平，而且自然环境没有发生显著变化，本地文化配合稻田系统发展，几乎坚不可摧，这是印尼稻作农业的特点。

[1]　Clifford Geertz, *Agricultural Involution: The Process of Ecological Change in Indonesia*, Berkeley, CA: University of California Press, 1963.
[2]　参见［美］克利福德·格尔兹《尼加拉：19 世纪巴厘剧场国家》，赵丙祥译，王铭铭校，上海人民出版社 1999 年版。
[3]　参见侯学然《评柯林武德对历史人类学的影响——读〈尼加拉：19 世纪巴厘剧场国家〉》，《西北民族研究》2012 年第 1 期。

稻作农业的研究，不得不提及稻米的"高级生产者"日本和美国威斯康星大学麦迪逊分校的美籍日裔人类学家大贯惠美子（Ohnuki Emiko）的《作为自我的稻米：日本人穿越时间的身份认同》①。央卓、汤芸认为该研究是以一种历史化的象征人类学分析路径呈现了稻米在日本人自我认同意义体系中的象征支配性地位，其研究对于族群声望符号塑造的讨论和族群分化理论的深化而言极其重要，也能对日本的民族主义生成发展过程进行审视。②在日本民族文化和自我意识的兴起过程中，与不同的他者遭遇时，日本人始终将稻米作为一种民族认同的象征符号和自我的隐喻，来反复地重构文化和自我。受布罗代尔的启发，作者通过长时段历时性来检验日本文化与社会，其中被卷入文化实践和制度中的稻米与稻田扮演了重要角色，稻米的象征意义分为两方面，"作为食物的稻米"和"作为土地的稻田"两者相互支持。

受王铭铭《"水利社会"的类型》③水的研究之启发，张亚辉的《水德配天：一个晋中水利社会的历史与道德》④围绕稻作农业和水展开民族志考察，力求呈现晋水灌区从宋代直到今天的文化样貌及其内在的历史与文化关联，提出有关水的文化和社会性的解释。在关注了小站营水稻生产灌溉、生活的用水细节，晋水流域的灌溉历史后，从仪式用水和当地的水神文化等来分析晋祠的水文化观念，并将其放在汉人的道德文化观下来理解。

杨筑慧近年非常重视稻作农业的人类学探讨，对南方少数民族传统稻作农耕及其生态意涵的研究着重于稻作农业推动人类历史和文明发展的重要作用，提出悠久的稻作农耕历史和自成体系的耕作制度也是传统文化建构的根基，体现了民族特性。在此基础上，杨筑慧对其生态意涵进行探究，从而发掘其背后蕴藏着丰厚的可持续发展内涵和意义，从地方知识中吸取智慧，传

---

① ［美］大贯惠美子：《作为自我的稻米：日本人穿越时间的身份认同》，石峰译，浙江大学出版社 2015 年版。
② 参见央卓、汤芸《从神圣王权到民族主义的符号史学——〈作为自我的稻米〉中日本人身份认同的自我隐喻》，《民族学刊》2018 年第 2 期。
③ 参见王铭铭《"水利社会"的类型》，《读书》2004 年第 11 期。
④ 参见张亚辉《水德配天：一个晋中水利社会的历史与道德》，民族出版社 2008 年版。

承民族传统文化、保护文化多样性、促进生态文明建设和绿色发展，并以此来反观当下的"发展"与"科学"。[1]具体研究上，以"糯"为线索从历史民族关系、糯的社会生命、糯的未来三个层面探索"物"如何成为勾连整个社会文化的纽带，从中找寻"物"内外的意义和不同社会文化的价值。[2]接续大贯惠美子的研究，以西南民族为例，糯常常被用作祭祀供品、节日庆典食物和相互馈赠礼物，具有显著的宗教特征和象征意义，通过呈现以糯米为主食的民族及其与之匹配的诸多文化事象和民族文化特色，试图探讨其神性和象征性的由来和意义。[3]

对于稻作文化的人类学研究在学者们的努力下推进得更加深入，中国重要农业文化遗产系列丛书中也已对农业文化遗产中的稻作元素给予关注，而本研究试图从给予遗产以知识社会学视角的关注，将会涉及与以往内容不同的部分与层面。

三、农业文化遗产相关研究

纵观国际文化遗产保护文件，重点是关注和开展文化遗产的继承与共享，凸显和尊重文化遗产的普遍价值。《保护世界文化和自然遗产公约》（1972）、《马丘比丘宪章》（1977）、《关于原真性的奈良文件》（1994）、《关于乡土建筑遗产的宪章》（1999）等国际文件都提出要保护文物、古建筑、遗址等物质文化遗产的"原真性"原则，深化对文化遗产价值的认同。文化遗产的原真性及其适用的概念植根于其各自的文化背景，原真性反映了人类的集体记忆，文化和遗产的多样性是精神和智力的源泉。自1972年《保护世界文化和自然遗产公约》提出了"突出普遍价值"作为指导未来

---

[1]　参见杨筑慧《南方少数民族传统稻作农耕及其生态意涵初探》，《农业考古》2017年第6期。
[2]　参见杨筑慧《糯：一个研究中国南方民族历史与文化的视角》，《广西民族研究》2013年第1期。
[3]　参见杨筑慧《糯的神性与象征性探迹：以西南民族为例》，《中央民族大学学报（哲学社会科学版）》2016年第6期。

遗产保护运动的核心理念之后，联合国教育、科学及文化组织（UNESCO）和国际古迹遗址理事会（ICOMOS）围绕此理念和原则，制定了一系列公约、宪章、宣言等指导文件，目的是在理论和实践层面加深和提高对文化遗产保护的普遍价值的理解。文化遗产的价值具有社会性，能帮助人确立身份认同、创造社会价值，关注文化遗产的价值具有时代建构性以及体系的构建。

英国牛津大学教授约翰·菲尼斯"基本价值序列"的论断基于自然法和自然权利，包含物质文化遗产的文化价值、审美价值、知识价值[①]，文化遗产的价值不仅仅在于科学、历史、艺术，还有对个人、群体、团体的独特的生命含义。德瑞克·吉尔曼重视文化的历史在本质上的价值，指出文化遗产是一定时空范围内人们思考和谈及群体生活的方式，与共同的经验、习俗和规范相关，人们总是出自各自的利益和目的来阐释文化遗产在知识、经验和信仰等方面的价值。[②] 文化遗产不仅在于其本身的价值，内涵在于文化遗产和人类的关系。我国关于文化遗产的研究主要有三种：第一种主要以某具体物质文化遗产为研究对象，探讨其历史和文化、艺术价值，发展和保护现状及对策，以及文化遗产的实际开发和利用及其经济价值等，外部价值和本体讨论都很丰富；第二种多数研究集中在非物质文化遗产的研究上，探讨其如何传承和保护以及具体价值；第三种结合文化生产、文化符号、象征学等文化人类学的理论与概念研究文化遗产，使相关讨论更加深刻且富有层次，与人类学的经典问题"文化"具有亲和性。

（一）农业文化遗产的保护与开发

农业遗产的保护与开发的研究强调传统农耕知识在农业遗产演进中的重要地位，认为农业遗产需结合当地的生态系统和现代农业的发展实现自身

---

① 参见［美］约翰·菲尼斯《自然法与自然权利》，董娇娇、杨奕、梁晓晖译，中国政法大学出版社 2005 年版。
② 参见［英］德瑞克·吉尔曼《文化遗产的观念》，唐璐璐、向勇译，东北财经大学出版社 2018 年版，第 13 页。

保护，实际保护要与外部环境紧密结合实行系统保护。闵庆文等认为保护农业文化遗产具有重大意义，并总结说农业文化遗产的保护基础需要多方参与①，在此基础上要处理好保护与发展的关系，这为之后的农业文化遗产研究指明了方向。由于农业文化遗产是农业社区与其所处环境协调进化和适应的结果，是一种活态遗产，因此不能将其进行封闭保护，而是要采用一种动态保护的方式，也就是说要"在发展中进行保护"。遗产地的农民不断从农业文化遗产保护中获得经济、生态和社会效益，才能愿意参与到农业文化遗产的保护工作中，达到多方参与、社区参与。目前，在中国农业文化遗产动态保护中重点探索三种途径：有机农业、生态旅游和生态补偿，试图通过这些措施来增加农业文化遗产地的保护资金来源，形成农业文化遗产长期自我维持的机制。②

因地制宜地保护和管理农业文化遗产在落后、偏远、自然条件比较差的地区，农业文化遗产的农业系统很好地适应了当地的环境，因地制宜，居民在资源贫乏的环境中自力更生、积累了丰富的当地知识和经验并进行适应性管理。农业文化遗产可以满足当地社会经济与文化发展的需要，有利于促进区域可持续发展，农业文化遗产关注系统内外人类目前的生存问题，农业文化遗产的保护也要遵循可持续发展的原则，通过动态保护和适应性管理，建立农业文化遗产地长期自我维持的机制。③

独特的传统农业景观和农业耕作方式的相关研究也在世界范围内引起广泛关注。宁安响水稻作文化系统是我国重要农业文化遗产，历史悠久、结构复杂，是以稻作文化为核心的复合叠加系统，是一个由人、稻、文化、遗迹与景观相协调的复杂系统。除了响水水稻种植和丰富的历史遗迹之外，还

---

① 参见闵庆文、孙业红《全球重要农业文化遗产保护需要建立多方参与机制——"稻鱼共生系统多方参与机制研讨会"综述》，《古今农业》2006 年第 3 期。

② Min Q., Sun Y., Frank van S., et al., "The GIAHS-Rice-Fish Culture：China Project Framework", *Resource Sciences*, Vol.3, No.1, 2009, pp.10-20.

③ 参见闵庆文、孙业红《农业文化遗产的概念、特点与保护要求》，《资源科学》2009 年第 6 期。

包括当地人和社区集体创造的文化景观。世界遗产委员会对文化景观的定义是："文化景观即自然与人类的共同杰作，表现出人化的资源所显示出来的一种文化性，也指人类为某种实践的需要有意识地利用自然所创造的景象。"民族学、人类学及相关领域的研究对具体稻作的符合系统景观的描述较多。以黔东南地区侗族居住区为例，其稻鱼互作的农业模式体现出当地侗族的文化性[①]，在生产生活过程中，人们不断建构的空间具有独特的文化景观，反映了不同群体在传统农耕的历史中，呈现出的丰富的生物多样性及其相关充满智慧的传统知识，作为生态理念的基础，对人类文化和生存发展有重要的借鉴意义。

（二）本体论视角下的农业文化遗产研究

农业文化遗产的本体论问题，包括对研究对象和内容的界定，具体范围、存在的方式、种类及性质，与他者的关系等问题，因此对于农业文化遗产的内涵、性质和类型的研究是基础问题。GIAHS 的定义"农村与其所处环境长期协同进化和动态适应下所形成的独特的土地利用系统和农业景观"中的核心农业遗产系统，由于农业本身就是文化的一种，可译为"农业文化遗产"，而且"土地利用系统"和"农业景观"都是人类文化观念的产物。GIAHS 以及 China-NIAHS（中国重要农业文化遗产）项目的推进使"农业文化遗产"被政府和学界广泛关注，并被作为专业术语和可操作性概念使用。中国也经历了学者们关于区别农业遗产与农业文化遗产的讨论。20 世纪 90 年代，保留在当代农民日常生活中的经验等遗产得以发展，与文献、文物研究同时成为农业遗产研究的重要领域，涵盖了有形的和无形的农业遗产形式，是"历史时期与人类农事活动密切相关的重要物质（tangible）与非物质 (intangible) 遗存的综合体系"[②]，是"人类文化遗产的重要组成部分。它是历史时期人类农事活动发明创造、积累传承的，具有历史、科学及人文

---

① 参见罗康隆、吴寒婵《侗族生计的生态人类学研究》，中国社会科学出版社 2017 年版。

② 王思明、卢勇：《中国的农业遗产研究：进展与变化》，《中国农史》2010 年第 1 期。

价值的物质与非物质文化的综合体系"①。孙庆忠认为农业文化遗产是乡土社会生产、生活方式的记忆载体和重要的文化资源，也是我们所属文化模式的系统呈现。②民族学和民俗学在关注农业文化遗产时，显然更偏重于其所包含的地方性知识及其文化意涵。可见，对于农业文化遗产的内涵，不同学科不同学术话语之间有不同的认识。

此外，还有关于农业文化遗产性质与类型的相关研究。农业文化遗产"在概念上等同于世界文化遗产"与文化遗产的差别在于，文化遗产更侧重于文化的因素，农业文化遗产还包含农业景观等，反映了人类活动与自然互动与融合的轨迹，因此既包含文化遗产也包含文化景观遗产③，只是对文化景观遗产的地域性要求并不严格。按照 FAO（联合国粮食及农业组织）的认定和划分标准，全球重要农业文化遗产有 7 种典型类型，当然，这个划分没有完全涵盖所有的农业文化遗产类型，国内学者尝试从不同视角进行遗产类型划分，如将农业文化遗产划分为遗址类、物种类、工具类、景观类、工程类、聚落类、文献类、民俗类、特产类、技术类 10 个主要类型，每一主要类型又划分为若干基本类型。④

（三）作为"资源"的农业文化遗产研究

作为复合的文化生态系统，代代相传的古老农业系统可持续地提高生存资料和产品，农业文化遗产为人民保障基本生存和生活，保护生物和文化多样性、保护生态保护、促进文化传承和经济发展，其蕴含的丰富、多元的价值构成了农业文化遗产保护的意义基础。无论是反思现代工业文明带来的挑战还是遗产保护与传承的现实需求，都促使遗产作为物质和精神资源成为当下借助过去的一种文化生产模式，激发文化新的生命力，实现物质资源、精

① 王思明：《农业文化遗产的内涵及保护中应注意把握的八组关系》，《中国农业大学学报（社会科学版）》2016 年第 2 期。
② 参见孙庆忠《乡土社会转型与农业文化遗产保护》，《中州学刊》2009 年第 6 期。
③ 参见韩燕平、刘建平《关于农业遗产几个密切相关概念的辨析——兼论农业遗产的概念》，《古今农业》2007 年第 3 期。
④ 参见李明、王思明《农业文化遗产学》，南京大学出版社 2015 年版，第 72—73 页。

神资源与市场经济、主体意识的联结，为当代乡村振兴和可持续发展提供重要的动力和资源。

农业文化遗产包含了丰富的动物、植物、工具、农居、景观等物质资源，反映了农业文化遗产独特的生态、历史、审美等价值序列，可以形成具有本地化和差异性的产品附加值，通过农产品开发、旅游开发推动物质资源向经济价值的转化。[①] 重要农业文化遗产中的农业生产属于天然的生态性强的农业系统，很多农业文化遗产地仍然保持着传统的农业生产方式和多样化的作物品种、稳定的农田生态系统。内蒙古自治区敖汉旗的敖汉小米品种丰富、营养价值高，打造的小米品牌有效带动当地农业发展和农民增收[②]，依托特殊的自然环境、农业景观等发掘出重要的旅游资源，通过旅游产业和农业的融合形成更高的经济效益。农业文化遗产的稀缺与旅游地文化整体性的呈现相契合，旅游资源价值的挖掘是农业文化遗产地发展旅游产业的基础，作为旅游资源进行产业转化融合发展促进区域可持续发展，满足遗产地居民经济社会发展需要，反过来促进农业文化遗产的活态保护和旅游开发。[③]

农业文化遗产的核心资源之一是文化与精神资源，且不说蕴含的人与自然和谐相处、协调共生的智慧与理念和传统中国的农耕文明思想深深植根于中国文化的深层结构，对现代农业仍然有极大的启示意义[④]，农业作为中国立国之本，农业生产形塑了传统中国的社会结构和乡土性特征[⑤]。农业文化遗产包含的精神资源离不开地方性知识，即遗产地居民的农业生产

---

① 参见焦雯珺、崔文超、闵庆文等《农业文化遗产及其保护研究综述》，《资源科学》2021 年第 4 期。

② 参见陈茜《农业文化遗产在乡村振兴中的价值与转化》，《原生态民族文化学刊》2020 年第 3 期。

③ 参见陈亮、余千、肖爱连等《农业文化与物质遗产资源的产业化开发价值评价》，《青海社会科学》2015 年第 2 期。

④ 参见卢勇、余加红《传统农业文化遗产中的农业伦理挖掘与研究——以广西龙脊梯田为例》，《古今农业》2018 年第 4 期。

⑤ 参见赖景执《略论重要农业文化遗产之乡土性》，《原生态民族文化学刊》2020 年第 6 期。

经验和日常生活体验、本土知识和技术的重视和合理利用，以及村落历史和记忆对乡土认同、乡村文化重构的作用。另外，农业文化遗产的传承对遗产地所处的区域历史和文化的影响，突破地域的界限向外传播，形成以核心产品及其所衍生的文化习惯为中心的文化带和文化区。如在广西、贵州、湖南、重庆毗邻区域形成的"糯稻文化圈"①和澜沧江中下游地区的茶文化中心地带形成的物质交换和汉藏文化的交流和传播。②农业文化区成为区域内政治、经济、文化等联系交往的重要桥梁。农业文化遗产不仅是传统的遗存，在可持续发展理念中，其蕴含的生产系统和农业智慧不可忽视，其保护与资源转化在应对现代化的负效应和生态污染等问题，改善"三农"，服务农业现代化和新农村建设方面有重要意义。农业文化遗产中所生产的主导农产品，以及以农产品为基础创建的农业文化品牌为开展产业扶贫提供了重要支撑，为产业融合发展，为遗产地及其居民赋能，提升了农民的认同感，助推了脱贫攻坚战略的全面胜利。③农业文明的宝贵财富蕴含丰富的经济价值、生态价值、文化价值、社会价值，与乡村振兴战略的方针有极大的契合性，认识、挖掘农业文化遗产的重要价值，发挥政府的主导作用和农民的主体作用，使农业文化遗产的研究与实践与乡村振兴战略更好地融合。④

（四）农业文化遗产理论与实践之反思研究

在政策话语和学术话语的双重叙事中进行理论和实践的反思是推进农业文化遗产相关研究的必经之路。农业文化遗产的功能与价值要考虑遗产地自然环境与地方性知识相融合的关系，加上农业文化遗产的文化、生态、景

① 杨成:《农业文化遗产的结构特点与历史渊源——以黔、桂、湘、渝毗邻地区"糯稻文化圈"为例》,《原生态民族文化学刊》2020年第3期。
② 参见何露、闵庆文、袁正《澜沧江中下游古茶树资源、价值及农业文化遗产特征》,《资源科学》2011年第6期。
③ 参见闵庆文、张碧天、刘某承《加强农业文化遗产保护研究　助推脱贫攻坚和乡村振兴战略——"第六届全国农业文化遗产大会"综述》,《古今农业》2020年第1期。
④ 参见伽红凯、卢勇《农业文化遗产与乡村振兴:基于新结构经济学理论的解释与分析》,《南京农业大学学报（社会科学版）》2021年第2期。

观、市场价值等功能。中国特色的农业文化遗产研究的话语体系并不完善，农业文化遗产话语体系应包括政策话语、学术话语、大众话语，促进这三种话语相互关联、交流，甚至在特定情境下相互转化。^① 很多研究用各自专业和学科的方法论对农业文化遗产进行阐释，研究多关注其知识技术的利用，也开始深入涉及农业文化遗产产生、形成、传承和传播的整体过程以及农业危机、遗产濒危的发展现状和原因分析，传统向现代转型过程中，农民与土地、农业与工业、乡村与城市关系调整的折射^②，以及回答农业文化遗产与现代社会和人群的关系问题。

关于农业文化遗产的新问题也在陆续得到关注，农业文化遗产的不断挖掘及其名录的扩展，农业文化遗产的区域性研究更为丰富，区域性遗产的结构特征以及保护机制研究逐渐摆脱碎片化倾向。还要继续深入挖掘分类标准及分类体系，适应日益多元复杂的项目，指导活态保护；关注与乡村社会变迁之间的关系，需要把握农业文化遗产各要素之间的关系，包括涵盖乡村社会生产与生活方式的复杂系统，社区、居民、工具、气候、地理、习俗、民族传统等要素，以及由这些要素连接成的各种社会、文化和经济网络，进而探索出农业文化遗产的文化价值，包括由于移民和民族交往交流等原因带来的文化传播、采借和相互影响，挖掘遗产地更多物质和精神方面的文化，通过农业文化遗产透视乡村社会变迁，寻找在当下传承和保护农业文化遗产的方法。本研究在探索文化乡村振兴路径的同时试图为农业文化遗产探索新的研究方向，通过具体的一项中国重要农业文化遗产的翔实研究讨论作为知识的遗产之具体形态和内涵，进而关注的是遗产如何接入现代世界的知识体系，开启作为知识的农业文化遗产研究的新尝试。

---

① 参见朱娅、李明《农业文化遗产话语互动、变迁及体系建构》，《中国农史》2020 年第 6 期。

② 参见孙庆忠、关瑶《中国农业文化遗产保护：实践路径与研究进展》，《中国农业大学学报（社会科学版）》2012 年第 3 期。

第三节 研究主题与思考

自联合国粮农组织 2002 年启动"全球重要农业文化遗产"保护工作，中国作为最早参与项目的国家之一，于 2012 年率先启动中国重要农业文化遗产保护试点评选，截至 2022 年，我国已有 18 项全球重要农业文化遗产、138 项中国重要农业文化遗产，对于农业文化遗产相关的理论与实践探索已进行了 20 年，有学者梳理相关研究主要围绕农业文化遗产的本体论、作为资源的农业文化遗产以及农业文化遗产理论与实践反思这三个方面的研究。[1] 遗产本身作为一种知识的存在，人类对知识的积累与遗忘究竟如何造成一种现代的可能性，是本书想要通过具体的一项农业文化遗产讨论作为知识的遗产之具体形态和内涵，进而关注的是遗产如何接入现代世界的知识体系，开启作为知识的文化遗产研究的新尝试。

一、作为知识的遗产

遗产本身被概念化为现在与过去相关联的意义，并被视为在社会、政治和文化背景下定义的知识。阿尔斯特大学爱尔兰文化遗产学院的布赖恩·格雷厄姆（Brian Graham）认为，遗产是一种知识，满足了许多不同的经济和文化用途，遗产内部具有固有的复杂冲突，遗产在知识经济中的作用仍有待充分阐明。遗产本身作为一种社会建构的概念，在文化和经济实践中加以想象、定义和表达。遗产是一种构成经济和文化资本的知识，在文化理论分析的主导范式时代，遗产是一种具有核心重要性的知识。[2]

皮埃尔·布尔迪厄（Pierre Bourdieu）阐述的"文化资本"的概念认为，

---

[1] 参见徐业鑫、王利伟、任玉洁《农业文化遗产理论研究 20 年的中国探索与展望》，《山西农业大学学报（社会科学版）》2022 年第 4 期。

[2] Brian Graham, "Heritage as Knowledge: Capital or Culture?", *Urban Studies*, Vol. 39, No.5–6, 2022, pp.1003–1017.

统治精英一旦掌权，就必须掌握"社会积累的文化生产力，以及选择和评估这些产品的品味标准"，使其权力的行使合法化。① 其实，不仅如此局限，遗产在任何一种文化中，随着时间的推移可以被不同地解释。遗产内容和意义随着时间和空间的变化而变化，遗产并不一定直接涉及对过去的研究，因此，本文认为，遗产可以被视为一种更加多样化的知识，关注有选择性的物质和人工制品以及神话、记忆和传统转变为当前资源的方式、内容和解释、表述。因为记忆和传统的意义和功能是在当下被定义的。此外，遗产的意义赋予物质以文化或经济上的价值，并解释了为什么它们从无穷无尽的过去中被选中，当社会需求发生变化时，它们可能会被丢弃，因此，遗产既是对过去的回忆，也是对过去的遗忘。如果遗产是对过去的当代使用，其意义在现在被定义，意味着我们创造出需要的遗产并根据要求来管理它，正如文化在本质上，其意义的生产与实际的需求相关，在社会和文化中，是我们让遗产变得有意义并不断变化。遗产也可以作为一种经济商品存在，与文化的作用重叠、冲突甚至被否定。"遗产的概念是文化构建的，因此几乎有无限种可能的遗产，每一种都是为特定消费群体的需求而塑造的。"② 借助于地区和区域，遗产有助于流通和利用现有和其他知识，有利于财富创造和营销经济的表达。

遗产是一种交流媒介，是思想和价值观念的传播手段，是一种包括物质、无形和虚拟的知识。③ 卡斯泰尔（Castells）认为地方和区域可以更好地"适应全球化"，这也表明遗产是一种根植于地方和地区的知识。④ 遗产的叙

---

① Ashworth, G. J., "From History to Heritage—From Heritage to History: In Search of Concepts and Models", in G. J. Ashworth and P. J. Larkham（eds.）, *Building a New Heritage: Tourism, Culture and Identity in the New Europe*, London: Routledge, 1994, pp. 13-30.

② Tunbrideg, J. E. and Ashworth, G. J., *Dissonant Heritage: The Management of the Past as a Resource in Conflict*, Chichester: John Wiley, 1996, p.8.

③ Brian Graham, "Heritage as Knowledge: Capital or Culture?", *Urban Studies*, Vol. 39, No.5-6, 2022, pp.1003-1017.

④ Castells, M., *End of Millennium*, Oxford: Blackwell, 1998, p.357.

事可以将当地与全球网络进行沟通，使区域知识接入现代世界的知识体系，以知识为基础的地区只有放在历史背景下才能进行更深入的思考。

　　遗产作为知识，遗产的用途之一在于我们为了当代的目的而选择的过去的一部分，无论是经济的还是文化的、政治的还是社会的各方面因素。遗产可以被可视化为一种经济资源，加以利用作为促进旅游业、经济发展和城乡复兴战略的主要组成部分。毫无疑问，遗产还是旅游业的重要资源，但旅游中的文化是快速消费的，旅游业在很大程度上是寄生于文化的，对文化的贡献有限，过度的遗产商品化将可能导致遗产资源的破坏，旅游生产者可能为了区域再生和创造就业机会，也可能是只关心自身利润的私营企业，对遗产资源施加的利用相对不受限制，反过来，旅游的利润和资本只是间接地回流到遗产资源，因此遗产被视为一种资源的可持续性需要保证其使用率不能超过再生率，与遗产旅游相关的污染排放量不应超过环境的吸收能力。

　　遗产可以被视为一种知识、一种文化产品和一种政治资源，具有重要的社会和政治功能，伴随着一系列复杂且经常的认同和冲突。遗产作为知识的性质体现在特定的社会和知识环境中，遗产具有时间特异性，其意义可以随着文本在变化的时代、环境和地点和规模的构建中被重新诠释而改变。一旦被解释为历史或遗产，既带来了社会效益，也带来了经济效益，支撑了延续性的理念及其进步、进化的社会发展的现代主义本质，同时也创造出具有象征意义的遗产和景观，当遗产获得文化地位，满足连接过去、现在和未来的线性叙事中的需求，与我们的生活相融合。

　　知识具有崇高价值感和内涵，遗产同样涵盖多重意义与历史沉淀，遗产体现为知识生产生发出的特殊的空间，其带有的综合职能使其成为知识的主要表现形式和载体。遗产具有多方面的功能需求，也以综合性的功能实践体现知识的社会学、文化学意义，当代的遗产越来越重视与公众社会、市场价值的关系，而忽略了其知识承载者的历史使命和职能。知识是遗产的核心动力和发动机，遗产系统往往是由人类的"知识"为出发点展开知识的制造、传播、交流、展演和保护等一系列工作，形成有效的知识生产机制。遗产应该是一个知识产生和发展的综合体，与遗产有关的一切及文化的相关内涵都可能构成"知识"的意义及价值。

本书通过理论创新，将文化遗产作为一种知识类型，运用知识社会学的研究范式，探讨农业文化遗产与社会的互动关系。这种方法，把遗产提高到知识的高度，提供了一个审视作为知识的遗产与乡村社会关系的视角，从而将农业文化遗产与经济、社会、文化的互动关联起来，凸显了研究的文化社会学特色。

我们把那些已经在以往的实践中实现了物化，可以通过无数劳动产品所能够体现出的知识，称为"社会知识"，是离开人脑单纯经验和秘密的一种知识形态的存在。知识的功能及特点在文化遗产方面的具体表现在于，遗产主要的功能是通过对文化知识的新的集合，特别是对历史的深入而结构性的研究，形成一系列的表述过程中不断地推演着一种知识的立场和文化的信念。对当下的阐释和介入是知识生产和知识建构的重要方式，知识是在开放的精神氛围中才可能有效地体现及发展其有效的价值，知识深化和变通从而产生知识新的可能性，遗产是知识转化为现实，在现实的社会实践中体现价值的体现，也必然将构成知识的再生产，并形成文化遗产与知识社会、社会公众等的新型合作和再规划、再重组的关系。作为知识的遗产不仅关注当下，而且以反观的视角挖掘过往，立足当代社会的知识生产语境的同时能够放眼国际，洞悉世界知识生产的网络，捕捉正在生成的知识态势，进而连入世界知识系统。

二、遗产：一个知识社会学问题

知识社会学的出发点是把知识当作一种精神现象（精神生产）、认识活动、思想方式来研究。这种知识社会学把精神活动及其成果即思想范畴及知识体系归结为某种社会存在基础（社会基础指社会地位、阶级、社会集团等，以及文化基础即价值标准、精神气质和文化类型等）。①但古典知识社会学研究的是认识现象而非知识现象，知识包括从民间传说的谚语到严谨的科学思想，也可以称作认识社会学。把知识作为研究对象为社会学对知识的认识和研究开辟了新的道路，为更好地服务知识社会的发展提供了工具，这也为人们思考科学社会学提供了视角。知识社会学的学科方向是知识或文化同其他存在因素的关系，但古典的知识社会学把知识限于精神现象，看作认识活动进行抽象的思辨式的研究，并未能揭示知识与社会关系的真谛。

随着知识的社会功能凸显出来，人们对围绕知识或以知识为基础的社会现象给予了更广泛的关注，美国推崇知识经济，欧洲要建设知识化的社会，德国致力于发展知识社会。我们看到了知识的产生和对人们认识的影响，但知识的社会史在历史上体现于影响社会变迁、社会结构、社会流动以及社会知识化等问题，是社会学关注社会功能的原因，现代知识社会学的首要任务就是恢复社会学对知识与社会之关系研究的优良传统，首先从历史上用社会学的知识和方法揭示知识的社会功能。②知识经济是以知识为基础的一种经济形态，知识经济中的知识包括有益于经济增长的知识，这里着重于对知识的经济功能进行社会学的分析。现代知识社会学关注知识社会，知识与社会的互动推动了知识的进展，成为知识经济的强大动力，进而推动社会成为知识社会。

20 世纪 20 年代，马克斯·舍勒达成一种尝试，即知识社会学的统一体是文化社会学的组成部分，问题都是根据与全部知识的社会本性有关并与全部知识的保存和传播、扩展和进步有关的基本事实提出的，知识社会学涉及关于知识的起源和认识论、逻辑学的关系，与发生学研究和心理学研究、与知识的实证性史学、与关于知识的形而上学的关系，与文化社会学的其他组成部分以及与关于各种现实因素的社会学的关系。社会学不研究个别性事实、事件，而是研究各种规则、类型、法则，分析（处于主导地位的）人类

---

① 参见郭强《现代知识社会学》"绪论"，中国社会出版社 2000 年版，第 5 页。
② 参见郭强《现代知识社会学》"绪论"，中国社会出版社 2000 年版，第 18 页。

生活内容，包括主观和客观方面的内容，每一种人类活动都既是精神性的，又是由各种内驱力决定的。我们在任何时代、社会、地方都会遭遇某种"客观精神"，"某种物质性的或者说可以再现的心理——生理活动所包含的意义，诸如各种工具，各种艺术作品、语言、著述，各种制度、伦理、习俗，各种仪式以及各种礼节"①。舍勒认为，从主观角度看，这是群体"精神"的某种不断变化的结构，属于对于个体来说具有约束性的群体精神或被个体当作"具有强制色彩的"的群体精神，使文化的客观意义和内容构成和维持也改变自身的精神结构，根据各种法则确立自身的秩序，这些群体精神存在于神话和宗教、形而上学、科学之间、英雄传奇或者民间传说和历史、艺术、哲学等各价值观念之间。

马克斯·舍勒本着知识社会学的观点，依照人类文明发展之历史事实与社会事实，把知识分为六类：神学知识；哲学知识；个人、他人与集体知识；外在世界（包括活人与死人）的知识；技术知识；科学知识。而知识社会学的主要对象是个人、他人与集体知识以及技术知识，这与遗产研究的内涵不谋而合。

以思的形式和看的形式存在的差异，意义以及存在于意义的这些客观结构之间的与生成过程有关的各种关系，都需要进行全面彻底的具体研究，其中，存在于在各种历史群体中间处于支配地位的、稳定的生活共同体之中的思维类型，既保存又证明了大量的传统知识和真理，与文化遗产的属性十分吻合，提示本研究以知识社会学的视角思考作为知识的遗产，进而用此方法推动与遗产相关的文化建设与乡村振兴论题。

知识社会学本身研究群体的"精神"，"追溯知识从社会最高层（精英所具有的知识）向下扩散所经历的各种法则和节律，以发现知识本身如何在各社会群体和社会层次之间及时分布以及社会如何调控这种知识分布过

---

① ［德］马克斯·舍勒:《知识社会学问题》，艾彦译，北京联合出版公司2014年版，第13页。

程"①。知识社会学与关于认识和逻辑的理论紧密联系，建立在知识与社会之间的三种基本关系之上。一个社会群体的成员所具有的关于对方的知识以及他们互相"理解"的可能性共同构成"人类社会"，一个"群体"本身实存的知识以及关于人们普遍接受的价值观念和目的的知识都属于这个"群体"，各种知识都以某种方式决定着社会的本性，反过来，所有知识也是由这个社会及其特有的结构共同决定的。②

曼海姆对知识和知识阶层的论述显然是他知识社会学理论的重要部分。在他看来，知识社会学是社会学分支之一，作为理论，试图分析知识与存在之间的关系；作为历史社会学研究，试图追溯这种关系在人类思想发展史上采取的各种形式。"知识社会学的兴起，源于人们努力发展那些在现代思想的危机中已经变得很明显的多重相互联系，特别是理论与思维方式之间的社会联系，把它们作为知识社会学特有的研究领域。"③知识社会学致力于发现一些切实可行的标准，以确定思想与行动之间的相互关系，对问题自始至终进行彻底的、不带任何偏见的思考，发展一种适合当前状况、涉及知识的理论，克服相对主义。知识社会学的任务在于通过对这些关系的确认并将其引入科学视域，用它们验证我们的研究结论，以解决知识的社会条件制约问题。④社会观点"首先应该把个人的各种活动置于整个群体经验中去解释"，"知识从一开始便是群体生活的合作过程，个人的知识是群体的共同命运，共同活动以及克服共同困难的产物"。⑤

我们日益变更的动态世界为田园、农业带来了城市生活方式，工业化和组织中，知识分子和先驱是变化的中心人物。农业是技术开始取代命运的第

---

① ［德］马克斯·舍勒：《知识社会学问题》，艾彦译，北京联合出版公司2014年版，第69页。
② 参见［德］马克斯·舍勒《知识社会学问题》，艾彦译，北京联合出版公司2014年版，第65页。
③ ［德］卡尔·曼海姆：《意识形态与乌托邦》，李步楼、尚伟、祁阿红、朱泱译，商务印书馆2014年版，第310页。
④ 参见［德］卡尔·曼海姆《意识形态与乌托邦》，李步楼、尚伟、祁阿红、朱泱译，商务印书馆2014年版，第311页。
⑤ 郭强：《现代知识社会学》，中国社会出版社2000年版，第22页。

一桩事业，从锄头到拖拉机的变迁标志着不可预知的领域的急剧缩小，在这一替代过程中，对于耕作者更重要的是行动的详细计划，而不是调和人对宇宙的看法。知识社会学与意识形态理论之间的关系是曼海姆知识社会学的一个出发点，"超越了意识形态偏见的意识形态理论"就是"知识社会学"。

作为一种理论和历史社会学的研究方法，知识社会学对各种社会关系影响思想的各种方式进行描述和结构的经验分析，也关注知识与存在之间的相互关系与知识的有效性。社会决定知识，社会过程决定认知过程，这样的观点必然受到马克思主义认识论的启发。

遗产作为一种知识构成了经济资本和文化资本。[①] 遗产有多种用途和解释，作为一种宝贵经济资源的遗产与其知识属性相结合形成知识经济，其各个元素都与遗产特有的混合知识性质紧密关联，遗产作为知识根植于知识经济的各要素。

遗产体现着人类文化创造力，维持文化多样性和知识的可持续。文化遗产包括各种社会实践、观念、形式、知识、技能及相关的工具、手工艺品和文化景观和场所等，这些都与自然和人类的知识、智慧和实践相关，涵盖民众的物质和精神成果及传承至今的生产生活方式。文化遗产在特定地域传播并外在内在于人民的生活，加上通过生活产生的知识和智慧，因而具有相对稳定性，如果远离生活，虽然遗留下历史和文化价值，但失去了使用价值和满足需求的用途，无法通过变革、创新，实现创新性转化和发展凝结精神智慧。人类是通过自身介入客体而创造知识，即通过自身介入和投入，即"存在于内心"。科学的客观性不是知识的唯一来源。我们的大部分知识是我们在与这个世界打交道时目的明确的努力结果。[②] 遗产本身是精神文化中一种极具特色的表现形态，遗产也深嵌于时代文化的框架中，以某种特定的文化方式体现，文化中囊括的民族特性、哲学智慧、价值取向以及精神气质等融

---

① Brian Graham, "Heritage as Knowledge: Capital or Culture?", *Urban Studies*, Vol. 39, No.5–6, 2022, pp.1003–1017.

② 参见金吾伦《创新的哲学探索》，东方出版集团 2010 年版，第 38 页。

入遗产的知识体系，融入我们中华传统文化和先进文化。遗产中文化蕴含的独特世界观、知识类型及其认知、获取方式的知识和逻辑，甚至是对人自身的认知，是特定对象在特定知识体系中的表达，唯有深入其内在及实际生活中去，进入其知识体系，才能对其知识、经验和价值观等有深刻体察。

米歇尔·福柯在《词与物：人文科学考古学》中提出19世纪以人为经验对象的人文科学是在"知识三面体"的夹缝中生存的。现代认识型领域作为一个在三个方向上散开的空间区域，其中第一个方向是数学和物理科学，在第二个方向上，存在着如同语言、生命和财富的生产与分配等的科学，第三个方向将是哲学反思。人文科学包含在这个知识的三面体中，因为正是在这些知识的空隙中，在由它们的三个方向限定的区域中，人文科学发现了自己的位置。① 知识作为主体对事物和认识对象的了解和把握，遗产则是历史感的主体在其所处时代对事物的认识和改造，并随着不同主体的认识而发展，逐渐进入科学的知识领域。知识可以被分为经验知识和理论知识，自然知识和社会知识，生存过程中累积、获得并传承给后人的知识，以及人类反复实践获得的经验并被大多数人认可检验的知识。古老的知识系统多为信仰所主导，如神话、巫术、宗教，在当代理性难以企及的领域仍有用武之地。当理性成为思想的主流追求，知识的主导地位得以确定，伴随着自然科学和社会科学的发展而得以推进。遗产包含着主观知识和客观知识，依托遗产，知识呈现出具体而生动的表现形式，可倒退至其发生、发展的过程，其信息可以被全部或部分地保存下来，代替意识化、难以脱离物质载体的信息。其有形形态具有说服力，需要用语言、文字和符号等进行表达的言表知识，以及倚靠反复实践和体验才能获取的意会知识无所遁形。

遗产表达了知识的完整性，通过外在及造型、结构等范式与规则展示人的知识、智慧、审美和精神世界，文化艺术与知识的统一性显而易见。对文化遗产而言，价值就是外在事物对于主体人的现实的或可能的"意义"基于

---

① 参见［法］米歇尔·福柯《词与物：人文科学考古学》，莫伟民译，上海三联书店2002年版，第452—453页。

人去认知世界改造世界的现实活动，还以客体的附加为基础，不能脱离现实与真实人的存在，也不局限于客体，知识的存在必将以理性化、概念化和逻辑化为前提。

三、地方性知识与文化遗产

中华文明以本民族的历史文化为积淀，归结于知识形态，累积形成遗产体系。知识作为信息、经验、价值观与洞察力的组合，能够不断对新内容进行评价和吸收，与个人的信念、价值等皆有关联。中华文化遗产是实践知识的累积，以行动、经验、实践等为基础，包含技术要素但绝不可化约成单纯技术层面的概念和规则，而展示这丰富、复杂、完整的知识体系。同时，遗产归属于地方知识，具有地域性与历史性，凝聚着传统文化的精髓要义成为普遍性的知识体系，不仅具有地域之含义还涉及知识的生成及情境，但无法普遍化或者以化约的形式明确表达出来。文化遗产作为一种地方性知识，经过历史沉淀，在新时代以历久弥新的形式帮助我们更好地理解地方社会，助力文化建设与乡村振兴。

人类学家擅长从事田野调查，通过调查成果，让人们都能够了解到调查对象的地方性民俗知识，并以此为基本素材，进而深刻描述生活、文化、经济和社会等各方面情况，经由民族志记述的地方性知识，成为我们深刻理解地方社会或基层社区生活和文化的便捷路径。解释人类学成为主流后，地方性知识成为文化人类学的重要关键词和认知"他者"文化的基本方法。无论是自然环境、能源资源、地方法规、传统文化、民间知识等都可以当作社区利用生存经验和"地方性知识"来维持生计、解决纠纷、尊重传统、保护生态、适应环境的基础和机制。在讨论地方性知识和文化遗产的关联时，我们也意识到地方性和全球化的关系问题。"地方"具有本土的、家乡的、特定地域的、周边的含义，可以类比人类学擅长研究的"小传统"。当全球化浪潮席卷，各地愈加倾向于强化各自的地方性，世界众多的文化遗产和地方性知识之间的相互竞争以及自我保护和复兴自然会成为普遍主义，这要求我们把自己的文化和知识彻底相对化，从而尊重不同的"地方性知识"和文化遗产。

在中国乡村，尤其是农业区，地方性知识也被转述成为"乡土知识"，指乡村的、自然发生的、土生土长的、从过去传承而来的知识，那么，农业文化遗产的内涵就存在于这一范畴中，传统的知识有的以非正式、非文字的方式存在和传承，有的以有形的遗产遗迹遗存形态展现，有着顽强的生命力，且都对当地民众的生计和生存具有难以替代的价值。当传统知识和文化遗产受到现代性的冲击和影响，地方性知识与现代性知识和遗产相并置、共存且互相渗透，并形成复杂的融合现象，政府主导的遗产保护项目与地方性知识的碰撞使乡土与传统面临着被挤压并衰微的局面，因此我们更应该重视维持、协调乡土社会秩序的知识——乡土知识与民间智慧及承载其的草根力量。相对于现代的科学技术知识遗迹，有些片面的观念认为乡土知识是落后的，是现代性的反面，人类学历经反思，从人类经验和历史中涌现出来的多样化的知识系统出发，倾向于批评把现代性强加于"传统"的企图。

无论乡村还是城市，知识和智慧都在文化和生活中处于核心位置，人类学看重在地人的表述，无论是把乡土及民间的知识带到城市，还是从都市的教育和经验中返回乡村，地方性的或民俗知识都需要通过对在地的文化持有者的内部世界的追求，通过内含于普通百姓的情感、生活感悟的语言、风俗、仪式这些生活文化的表象载体进入其知识的世界，进而直接、深刻地描述和理解对象社会及文化的深层状态，通过概括有价值的本土概念，对其文化进行"深描"。倡导"人文价值再思考"的费孝通提出"进得去"和"出得来"，认为主张以异文化研究为己任的人类学者往往也存在"进不去"的缺点，研究他人社会的人类学家通常可能因为本身的文化偏见而无法真正进行参与观察[1]，"进得去"需要通晓在地的语言、提取一些本土概念；"出得

---

① 参见费孝通《费孝通文集》（第十四卷），群言出版社1999年版，第200页。

来"则需要超越本文化的遮蔽，需要更多内求诸己的本土概念，以及对地方性知识的重视。

第四节　研究方法

一、文献档案的分析与整理

田野调查期间，笔者前往宁安市志办、水务局、国土资源局等单位搜集到了《宁安县志》《宁安水利志》《土地志》《粮食志》《宁安文史资料》《宁安朝鲜族水稻种植历史》等文字材料，前往宁安档案局搜集档案。本书是关于农业文化遗产的研究，笔者首先非常熟悉人类学中有关文化的经典理论与研究范式，然后对文化遗产研究进行深入学习，对全球和中国重要农业文化遗产的各方面资料进行整理与分析，奠定研究基础。笔者通过阅读文化遗产、稻作农业等研究的文献，以及各种内部资料、会议资料，查阅和借鉴了国内外的相关最新研究成果，还从农业文化遗产的研究角度阅读了大量文献，从中找到此领域的理论研究前沿，以此为基础建立本研究的立足点和创新点，做好文献综述和有效分析。

二、田野调查：参与观察与深度访谈

在田野调查中坚持主位与客位相结合的立场，采取宏观和微观层面统一的方法，深入宁安响水稻作文化系统的核心区域，获取第一手资料。2021—2022年，从提前联系、线上访谈到实地考察再到后续跟踪，笔者进行了线上与线下结合的为期5个月的田野调查工作。经过关键报道人的指导，快速地接触、进入、融入田野，笔者的本地人身份在实地考察中有极大的帮助，参与并观察渤海镇水稻生产的夏季生产活动、水利灌溉、日常生活、文化模式、社会状态等方方面面，参观渤海稻作文化主题公园，响水稻作博物馆、渤海上京龙泉府遗址，通过实际体验加深对宁安响水稻作文化系统的认识。针对具体的研究内容，笔者找到典型的朝鲜族和汉族水稻种植农户，以及掌握农业知识较多的科研人员，地方社会的精英人士，与稻米生产加工和销售有关的合作社、米厂、企业负责人进行各方面的深度访谈，抓住关键报道人，对于典型案例进行重点、全方位、多角度的跟踪调查。笔者与很多访谈对象都已成为朋友，一直保持线上联系，随时跟进最新情况。实地田野调查前，注意前期的田野调查提纲的编写，进入田野后，每日记录田野笔记，真实地记录了农业、社区、乡村的各种活动和普通民众的生活场景，力求保持原貌。访谈尊重被访问者意见，如实记录，不随意进行个人加工，遇到重要问题寻找多个对象访谈，对同一对象进行反复访谈。将所获得的录音、录像、照片等资料分类整理，撰写调查笔记，以期全面获取相关民族志材料。

三、口述史

主要对渤海镇及周边地区的朝鲜族和汉族老人们如何迁居至这一地区开水田、种植水稻的历史进行回顾，口述朝鲜族的移民历史，对他们生命中历经的农业生产生活和"石板田"种植水稻经验进行深入了解，研究宁安响水稻作文化系统的起源、历史和发展及对于当地稻作农业社会发展的重要价值，考察文化、生态、社会的变迁状况。

四、历时和共时方法

对于宁安响水稻作文化系统的农业和文化发展历史及现状进行历时性的研究，考察该农业文化遗产的形成过程。作为贡品稻米产区，试图与黑龙江省内周围其他的寒地粳稻区的稻米种植进行共时性的比较研究，初步分析宁安与其他地区的差异，以期更好地探索农业文化遗产的未来发展道路。

第一章

历史浸润下的文化系统

2015 年，黑龙江宁安响水稻作文化系统入选农业部公布的第三批中国重要农业文化遗产名单。宁安响水稻作文化系统位于中国黑龙江省牡丹江市宁安市，遗产地重点区域位于宁安市渤海镇、东京城镇、三陵乡、沙兰镇境内，包括渤海镇响水村等 18 个行政村，东京城镇红兴村等 13 个行政村，三陵乡三陵村等 3 个行政村以及渤海镇、沙兰镇境内的国有土地。总面积 5334 公顷（8 万亩），是世界上唯一在火山熔岩台地上生产稻米的区域。①

作为"中华第一米"生产基地的响水村位于黑龙江省东南部，牡丹江右岸，隶属宁安市渤海镇管辖，是唐代渤海国上京龙泉府遗址所在地，因南侧牡丹江段从镜泊湖泻出，流过一段约十几公里长的玄武岩台地后，突然跌落下流，流经石岗落差大，水流湍急，在一公里之外都能听到哗哗的响声，故名"响水"，满语"发哈"，意为"发河沿"。

全村现为朝鲜族聚居村，朝鲜族农民采用独特的方法，在火山熔岩（石板）上培土引水，种植水稻。响水大米以其粒大、油润、味香而驰名全国。这里生产的响水大米又被称为千年贡米，自唐朝以来成为皇室用米，延续至当代的国宴用米，连续荣获农业博览会金奖，"响水大米"获得"国家地理标志"保护产品认证。

---

① 中文百科：黑龙江宁安响水稻作文化系统（http://zy.zwbk.org/index.php?title=%E9%BB%91%E9%BE%99%E6%B1%9F%E5%AE%81%E5%AE%89%E5%93%8D%E6%B0%B4%E7%A8%BB%E4%BD%9C%E6%96%87%E5%8C%96%E7%B3%BB%E7%BB%9F）。

第一节　秀丽宁安悠远历史

宁安旧名宁古塔，是黑龙江省历史悠久、山川秀丽、物产富饶、文化发达、素负盛名的一座濒临牡丹江北岸的古城。根据考古发掘，远在六七千年前的新石器时代，宁安境内的牡丹江及镜泊湖流域一带，就有人类在这里劳动、生息和繁衍，过着以渔猎为主的原始公社生活。周秦时代，宁安属肃慎地。汉、晋、北魏时，属挹娄、勿吉地。隋、唐时，属松花江中上游流域一带的粟末靺鞨地，在这前后他们已和中原有密切往来。至唐初时，粟末靺鞨就已正式归附唐政府。

一、海东盛国

713年，唐朝政府在今宁安西南约30公里的渤海镇开始设置忽汗州都督府（又叫渤海都督府），任命粟末靺鞨首领大祚荣做州都督，并加封他为左骁卫大将军、渤海郡王。于是，粟末靺鞨去掉靺鞨称号，改称渤海，从此成为在唐政府统管下，并在东北领域内建立的一个册封王国。

历史文献载，渤海国是以粟末、白山、安车骨等部靺鞨人为主体，联合夫余、沃沮、高句丽遗民建立的国家，多民族共为一体。

755年，渤海三世王大钦茂（大祚荣之孙）从旧国迁都于今宁安市渤海镇，称上京龙泉府。从此，渤海的13个王在这里统治了长达171年之久。渤海建国后，政治、经济、军事、文化、教育和城池建筑等制度都仿唐制。渤海官制是完全仿效唐制，首都上京龙泉府仿唐制设三省六部。渤海地方统治机构仍仿唐制，设府、州、县、村，府置都督、州置刺史、县置县丞、村设村长。置5京、15府、62州、130余县。[①] 上京辖龙、湖、渤三州。龙州为首州，在忽汗城内，永宁县城在今东京城镇南之土城子，肃慎县城在今镜

---

① 参见宁安县志编纂委员会《宁安县志》，黑龙江人民出版社1989年版，第62页。

泊湖发电厂的城子后山城（有渤海及金代文物出土），距渤海镇南 30 里，且此城的规模和土城子、大牡丹古城相似，富利在今大牡丹渤海古城（金代沿用）。三城处于牡丹江上游谷地。湖州治所，一说在镜泊湖城墙砬子古城，一说在上屯西桥子古城。城墙砬子古城于 1912 年曾出土"勿汗州兼三王大都督"铜印。"三王"可能指三世王大钦茂，最低可把此城看作卫以上的军事城堡或兼州以上的治所，可能是湖州所领的佐慕、丰水、扶罗三县城。渤州城一说在牡丹江市郊桦林南城子，一说在牡丹江市郊龙头山之牡丹江东岸，两说各有根据。但龙头山遗址地处老黑山下，是牡丹江、海浪河汇合处，清初这里是满族狩猎、捕鱼、采珠、捕鹰的打牲之地，历来盛产珍品。① 渤海国派人到内地学习先进的生产技术和文化，输入作物新品种、新工具，于是，渤海国的经济和文化就得到很快的发展，并有"海东盛国"之称。②

渤海于 926 年被契丹所灭。契丹灭渤海后，改渤海为东丹国，改忽汗城为天福城，册皇子耶律倍为人皇王，表面上保留了渤海王族和少数贵族豪强的特殊地位，但真正掌握大权的是契丹人，宁安归辽国管辖，渤海人处于被严格控制与监督的地位。两年后，契丹人怕渤海人再起，迁大批渤海人到西拉木伦河和老哈河流域的契丹腹地建立州县。一部分渤海人被迫流亡朝鲜半岛，另有一部分渤海旧日驱户、农民、手工业者和边远居民仍留居渤海故地。

其后，辽国被金所灭，宁安属金国鹘里改路管地。元灭金后，宁安属元朝合兰府水达达路管地。1406—1433 年的明代初期，明朝永乐及宣德皇帝，为了加强对东北边疆的防守和巩固他的封建统治，曾先后在西起鄂嫩河，东至库页岛，北达乌第河，南濒日本海的广大地区，建立了都指挥使司、卫、所等各级行政机构几百处，管理当地行政和军务，宁安在当时就成为牡丹江流域一带卫、所的辖地。在各级行政机构中，任职的官吏，有汉人、女真人（满族人），也有达斡尔、赫哲等各兄弟民族的人。努尔哈赤的六世祖猛哥帖

① 参见宁安县志编纂委员会《宁安县志》，黑龙江人民出版社 1989 年版，第 63 页。
② 参见宁安县教育科宁安县地理学会《宁安县地理》，内部资料，1979 年，第 2 页。

木儿就被明朝任命为建州左卫的指挥使。努尔哈赤本人也做过建州左卫都督佥事（军事长官），由于他积极为明朝防守东北边疆有功，屡受明朝政府的表彰和提拔，并被册封为"龙虎将军"。直到努尔哈赤建号称汗前，他一直是受明朝任命在东北地区行使职权的地方军政长官。

二、宁古塔

清兵进关取代明朝的统治后，为了确保清室发祥地——宁古塔及东北其他地区的安全和巩固，将整个东北广大地区，留给盛京（沈阳）内大臣管辖。顺治十年（1653），"清政府把盛京按班（昂邦）章京所辖的松花江、黑龙江、乌苏里江流域，包括库页岛和尼布楚等地，划为单独的行政区……增设宁古塔按班章京，以加强对这个地区的管辖"[1]，此为清初宁古塔昂邦章京管辖的疆域。设昂邦章京于宁古塔，负责军事和地方行政事务，以进一步加强满洲东部重地和边防的安全。在宁吉塔设官，这是清朝政府在整个黑龙江流域设置官吏的开始。康熙元年（1662），宁古塔昂邦章京改称镇守宁古塔等处将军，当时，其管辖范围，大体包括现在的吉林省的中南部和黑龙江省的松花江以南及乌苏里江以东至大海，黑龙江下游两岸和包括库页岛在内的广大地区，于是宁古塔便成为东北军事和行政的重镇。于康熙十五年（1676）宁古塔将军奉命移住吉林乌拉城（今吉林市），不久改称为吉林将军。在宁古塔将军移住吉林时，宁古塔即派副都统驻守。康熙二十二年（1683），"清政府又把原属宁古塔将军管辖的亨滚河上源支流哈达乌拉河，黑龙江北岸的毕占河以及东流松花江等河流以西土地分出，划为黑龙江将军辖区。这些河流以东地区，包括库页岛在内，仍归宁古塔将军管辖"[2]。

康熙三十二年（1693），清政府把宁古塔将军所辖的伯都讷协领升格为

① 王宗有、关治平主编：《革命老区宁安》，黑龙江朝鲜民族出版社2005年版。
② 宁安县志编纂委员会：《宁安县志》，黑龙江人民出版社1989年版，第56页。

副都统。从宁古塔辖区内划出自五常堡（今五常市）以西，吉林城北法特哈门北（今吉林省舒兰县法特），伯都讷（今松原市）以东，松花江大转弯以南地区为伯都讷副都统行政区。雍正十年（1732），清政府把三姓协领升格为副都统。把宁古塔辖区内东起岳塞河，西至今木兰，南至今林口，北至今俄罗斯北海，包括库页岛在内的广大地区划为三姓副都统辖区。乾隆九年（1744），清政府在阿勒楚喀地方设置副都统。从宁古塔辖区内的海兰窝集（张广才岭北段）以西，佛斯亨（今木兰县五站乡）以南，拉林以北的广大地区划为阿勒楚喀副都统辖区。

咸丰十年（1860），沙俄要挟清廷签订《中俄北京条约》，乌苏里江以东的中国领土被沙俄占领，宁古塔辖区缩小到乌苏里江主航道以西。光绪七年（1881），原属宁古塔副都统辖区的珲春协领升格为副都统。海兰江、图们江等地区从宁古塔分出，划归珲春副都统管辖。光绪二十九年（1903）六月，清政府在宁古塔设置宁安府，改绥芬厅。

宁古塔由于军事和政治上的需要，人口不断增加，经济和文化也逐渐发展起来。于宣统元年（1909），清政府移绥芬厅治于宁古塔，宣统二年（1910）改绥芬厅为宁安府，由知府管理地方行政。①

三、革命老区

1912年6月置宁安府，设知府管理政务。1913年3月，宁安府改为宁安县公署，设知事管理政务，隶于东南路延吉道管辖。1929年4月12日，宁安县公署改为宁安县政府，知事改称县长。民国初期，地方驻军有第四混成旅，由旅长掌管全旅军务。后来该旅又改编为东北陆军第二十一旅。几年后，又提升该旅旅长兼任绥宁镇守使，旅司令部及镇守使署都设在宁安西大街。旅长及镇守使除管理军事外，同时负责东部边防、剿匪、维护地方治安等事宜。其管辖范围是：西起尚志，东至东宁和绥芬河，南至老松岭，西南

① 参见宁安县志编纂委员会《宁安县志》，黑龙江人民出版社1989年版，第57页。

至张广才岭一带。

宁安是著名的革命老区，是党在东北地区开展革命活动较早的地区之一。马骏等一大批热血青年就在宁安大地上开始传播科学和民主的革命思想，他们带领民众走上街头宣传新思想、新主张，与反动军阀、富豪进行坚决的斗争。中国共产党成立后不久，东北地区最早的党小组就诞生在这里。

九一八事变后，日寇占领东北，当时工商凋敝，农业崩溃，文化教育受严重摧残，社会一片黑暗。在这中华民族的危亡时刻，宁安人民同全国人民一道，在中国共产党领导下奋起抗日，许多仁人志士在宁安成立了多支抗日游击队，东北抗日联军第四军、第五军就诞生、战斗在这片土地，东北抗联的重要领导人周保中、李范五、李延禄、李荆璞、陈荣久都曾在这里战斗过，陈翰章、韩仁和、于洪仁等烈士的热血洒在这片英雄的土地上，他们同日本侵略者进行了艰苦卓绝、不屈不挠的顽强斗争，歼灭并牵制了大量敌人，为赢得东北地区抗日斗争的主动和抗日战争的全面胜利做出了重大贡献。[①]

经过中华儿女艰苦卓绝的奋斗与伟大的牺牲，1945 年 9 月 2 日，日本在投降书上签字，至此中国抗日战争胜利结束。9 月 15 日，根据东北局党委会的指示，成立了中共牡丹江地委。9 月 20 日，宁安东北人民民主大同盟成立。11 月 15 日，中共宁安总支和宁安县革命民主政府成立。不久，张闻天率一批党政军干部先后来到宁安开展工作，宁安的根据地建设如火如荼地开展起来。全县人民在党的领导下，进行了轰轰烈烈的土改，恢复生产，宁安人民踊跃参军参战，有力地支援了解放战争。

四、后土改时期

据伪东满总省公署关于《宁安县农村购买力吸收对策调查报告书》记

---

① 参见王宗有、关治平主编《革命老区宁安》，黑龙江朝鲜民族出版社 2005 年版。

载：1943年，宁安县管辖包括现宁安县、海林县、牡丹江市郊区部分农村和林口县东南的部分农村。全县耕地面积153320垧，其中水田17980垧。[①]从1935年开始，日本侵略者强行低价收买和占用中国人民的土地，依靠日伪等恶势力共强行低价收买和占用土地（以下简称日伪占用地）67407垧，占全县总耕地面积的43.96%。地主、富农所有的土地约占33%。特别是从1937年至1943年，日本侵略者为了割断抗日联军与群众的联系，封锁抗日联军的活动，巩固其殖民统治，实行所谓"以人建堡垒"政策，继续强占现镜泊、石岩、卧龙、沙兰、海浪等地区村屯的土地，强制中国农民到外地开拓，扩大了"日本开拓团"的布点。交通沿线的平原地，日伪军大量征用军用地，低价强占熟地和大量荒地，强迫贫苦农民开垦。地主、富农的私有地和劳动农民所有的耕地大量减少。据1948年宁安县统计资料记载，全县土地改革分配给贫苦农民的日伪占用地和地主、富农所有的耕地38276垧，占土地改革前全县总耕地面积的80%以上。全县农村总户90%以上农民所有的耕地不足20%。因此，解放前宁安广大贫苦农民不得不给日伪势力和地主做佃农，租种或分种他们占有的土地，给地主、富农做长工或短工，借日伪金融机构或地主、富农的高利贷度日，加之苛捐杂税，宁安人民所剩无几。解放后，全县广大贫苦农民的迫切愿望是解决土地问题，宁安县土地改革势在必行。[②]

　　抗战结束之后，党中央决定成立中共中央东北局，派陈云、彭真等率二万五千名干部和十万大军，与东北原抗日力量配合建立巩固东北根据地。阎玉森、刘贤权等同志到宁安县后在东京城一带开辟工作，支持佟奎俊、赵光彬等组建的东京城民主大同盟。在宁安斗争尖锐的形势下，根据党中央指示，从宁安县土地占有状况出发，有计划、有步骤地经过减租减息、反奸土改、砍挖斗争、平分土地等四次群众运动，完成了土地改革任务，彻底消

① "一垧"指一公顷，"一亩"指东北地区俗称的一大亩，一大亩=1000㎡，一小亩≈666.67㎡，换算方法：1垧=1公顷=10大亩=15小亩=10000㎡。后文相同。
② 参见王宗有、关治平主编《革命老区宁安》，黑龙江朝鲜民族出版社2005年版，第232页。

灭了封建性、半封建性剥削制度，全县贫苦农民经土地改革分得土地，掌握了农村政权，建立以贫雇农为骨干的农会、民兵自卫队、妇女会等革命群众组织，掌握了农村领导权和农村武装，贫苦农民在经济上翻了身，充分调动了广大农民的生产积极性。翻身后的农民，在"保卫家乡"的号召下踊跃参军，以多打粮、交好粮等实际行动支援人民解放战争。宁安县人民在中国共产党的领导下，经过土地改革运动，建立了农村基层革命群众组织村政府和党支部，引导广大农民走上了互助合作的社会主义道路，努力发展农业生产，为建立社会主义新中国贡献了力量。

追溯往昔，宁安的经济、文化发展比较早，特别是从清初到民国初年的260多年间，关内的行商、走贩、贫苦农民、小手工业者以及流人（主要是反抗或触忤清政府而被流放到关外的文人、官吏或汉军等）等，先后不断地流入东北，特别是流入宁古塔等处的居多。宁古塔是清政权的发祥地，又是清初的军事重地，这里山河险要，难攻易守；更兼土地肥沃，物产富饶；官府易筹粮饷，居民容易谋生。特别是清政府废除边禁以后，宁古塔便成为流人和关内贫苦居民流入的重要地点。他们到来后，主要是经商、贸易、捕猎、挖药材或开荒种地。另有少数则设塾讲学，传播汉文化，其中著名的学者如吴兆骞、杨越、吴栎臣和吕留良的族属等当时（康熙、乾隆年间）在清初对宁古塔文化教育的启蒙和发展起着重要的作用。

宁安历史厚重、物产富饶、文化发达，是黑龙江省负有盛名的历史文化古地。伴随着社会主义现代化的建设和政治经济文化教育事业的不断发展，古老的宁安传承千年渤海国历史，弘扬新时代稻作文化，焕发出青春的力量，展现出光辉的前景。

第二节 区位地理自然资源

宁安市位于黑龙江省东南部，镜泊湖滨、牡丹江畔，地理坐标在东经128°7′54″—130°0′44″，北纬44°27′40″—48°31′24″，属温带大陆性季风气候，年平均气温4.5℃，最高气温36.5℃，最低气温零下40.1℃，积温在2600℃—2700℃，无霜期130—135天，年降水量在500—600毫米。地貌呈"七山一水二分田"格局，属长白山熔岩高原于中山区张广才岭和老爷岭第二隆起带，区域地貌特征为低山丘陵区，全市自西向东形成不同类型的五种地貌，即剥蚀山地、剥蚀丘陵、剥蚀堆积坡地、冲积平原和熔岩台地。全市面积7924平方公里，东与穆棱市毗邻，西与海林市交界，南与吉林省汪清县、敦化市接壤，北与牡丹江市相连。距哈尔滨市320公里，距牡丹江市23公里，处于绥芬河和珲春两个国家级开放口岸的中间，分别相距190公里，鹤大公路、牡图铁路纵贯全境，距牡丹江民航机场19公里，是东北亚经济技术交流中商业往来、物资集散和信息传递的重要区域。全市总人口44万，满族、朝鲜族、回族、蒙古族等少数民族人口约占19%，其中满族和朝鲜族分别占总人口的8.8%和7.8%。[①]

一、自然条件

（一）山地为主的地形

宁安四周环山，境内丘陵广布，中间是一连串呈西南—东北向的盆地和河谷平原。境西界是张广才岭，平均海拔900—1000米，有数条支脉由西向东分布到镜泊湖及牡丹江岸以西，海拔逐渐降低到400—500米，成为低山丘陵地。在小北湖西北的光秃山（俗称"一撮毛"），海拔1327米。境西南与吉林省敦化交界的琵琶顶子山，海拔1393米，是全区域最高点。

---

① 宁安市政府网站（http：//www.ningan.gov.cn/list.php?id=152）。

区域南界和东界是蜿蜒曲折的老谷岭（也称老松岭），平均海拔700—800米，它又分出许多支脉，由南向北，由东向西，一直延伸到镜泊湖和牡丹江东岸，山势至此，海拔已降低到400—500米。市境内山地，因久经侵蚀或因构造抬升，山顶多呈浑圆状或平顶状。

在第四纪更新世晚期，张广才岭东侧，曾多次有火山活动，并有大量熔岩流出，熔岩流出后，进入东南低地，形成渤海西石岗子地，一部分熔岩流入牡丹江上游河谷地段，构成坚硬的熔岩河底。有些地方，熔岩堆积成垄状，横在河底，水流至此，奔腾咆哮，轰声若雷，形成有名的响水和三道亮子。

小北湖林场西北30公里处，有火山口7座。它是火山喷发后，火山喷出口堆积熔岩，冷却收缩，凹陷而形成的深锅状或竖井状的火山口。火山口海拔为750—1000米，相对高度为几十米至200米。火山口四周石壁峭立，有的有开口，火口底部生长茂密的原始森林。由高处下望，森林如生在脚下一样，故称为"地下森林"。火口幽深，景色奇特，现已发展成宁安火山口国家森林公园，引来各地游客来此游览或考察。

牡丹江干流及其支流两岸，大部分是河谷平原、盆地和平岗地，它们主要由冲积作用形成，土地平坦肥沃，水源充足，是本地重要农业区。

（二）中温带大陆性季风气候

宁安四周山岭不高，距海较近。在夏季易受东南夏季风的影响，天气温暖湿润多雨，冬季易受西北冬季风的影响，天气寒冷干燥少雪。由于受冬季风和夏季风的影响大，所以气温的日较差和年较差也大，降水量在季节上分配不均，中温带大陆性季风气候的特点非常显著。从四个季节的具体情况上看，气候表现的特点是：春季干旱而多风；夏季温暖而多雨，秋季短促日照足，冬季漫长而严寒。

从热量和干湿状况看，宁安属中温带湿润区。全年平均气温为3.5℃，1月份平均气温为零下18.8℃，7月份平均气温为22.1℃，全年平均降水量为513.8毫米，其中6、7、8三个月降水量为311毫米，占全年降水量的

60.5%，平均无霜期 36 天。每年冻土期约 5 个月。全年日照平均时数约 2658 小时，≥ 10℃。积温平均约 2646℃。4 月份蒸发量为 164.4 毫米，7 月份蒸发量为 193 毫米。春季多刮西南风，以 4、5 月份为最多。① 夏季高温多雨，日照充足，可满足一年一熟作物生长需要。对需要热量水分较多的水稻，也能很好地生长。但因春季干旱多风，秋季往往出现早霜、内涝、冰雹等灾害，对农业生产威胁很大。近些年来，政府有计划地进行植树造林，兴修水利、引灌排涝，培育早熟高产作物品种，基本上保证了农业的好收成。

（三）暗棕壤为主的土壤

境内山区、岗地及平原区，分布着多种多样的土壤。山区面积广大，其上多分布为暗棕壤（俗称山地沙砾土）及黄沙土均属于暗棕土类。山地沙砾土分布在地势低平或缓坡山麓地带，则是草甸暗棕壤，如它分布在黄砂土之上，坡度大，则是暗棕壤亚类的薄层暗棕壤。暗棕壤约占总面积的 70%。还有分布在山间盆地、河流高漫滩涂和一级阶地上，具有深厚腐殖质层称厚层草甸黑土（俗称黑油砂土）以及腐殖质层厚度中等的称为中层草甸黑土（俗称黑砂土）。各种土壤中，以厚层黑土和中层黑土为最肥沃，因其中含腐殖质多，且土质疏松，含水性及透气性良好，有利于作物生长。其他土壤肥力较差，以白浆土为最差。

宁安市境内资源丰富。江河纵横，渠道成网，有一江三湖（牡丹江、镜泊湖、小北湖、钻心湖），55 条河，40 个泡泽，26 座水库，总落差 1994.6 米，水能总蕴藏量为 43 万千瓦时。宁安电厂电站星罗棋布，是全国著名的小水电之乡，水能资源开发占总资源的 40% 以上。现有林地面积 41 万公顷，森林覆盖率 52.69%。境内各种树木 110 多种。既有冻土带树种偃松、岳松，也有亚热带树种红松、云杉、冷杉、赤松、落叶松，还有椴树、水曲柳、白桦、杨树、榆树等阔叶林木。东部山区以阔叶林为主，西部山区是针叶林、阔叶林各占 50% 的混交林。小北湖林场是极其宝贵的树种——我国最大的红

---

① 宁安市情简介（http://www.ningan.gov.cn/view.php?id=576#viewtop）。

松母树林。茂密的森林，为野生动植物提供了繁衍生长场地。野生兽类动物27种，有狼、熊、豹、赤狐、马鹿、水獭、野猪等较大野生动物，还有青鼬、黄鼬、野兔、猞猁等野生动物。其中，东北虎、梅花鹿、猞猁、紫貂是国家级保护动物。野生禽类多达300余种，占全国鸟类品种的1/3左右。主要有丹顶鹤、沙半鸡、猫头鹰、布谷鸟、野鸭、雉鸡、紫燕、沙燕等，鸳鸯、中华秋沙鸭、白腹海雕、虎头海雕、细嘴松鸡等8个品种是国家级保护的珍禽。野生植物种类繁多，中药材分54科112种。有人参、党参、黄芪、当归、贝母、茯苓、天麻、元胡、半夏、麦冬、五味子、刺五加。宁安产的黄芪被称为塔芪，十分名贵，中药界黄芪以北芪为上品，北芪以塔芪最佳。山野菜有蕨菜、猴头、黄花菜等30余种。还有被称之为山珍的针松茸、元蘑、黑木耳、猴头蘑等可食菌类，质量之高在国内屈指可数。还有山葡萄、刺莓、山核桃、山里红、山杏、山梨等野果。另外，宁安水草丰盛，具有发展畜牧业的良好条件。经过多年勘探已查明，矿产资源有铁、铜、铅、锌、磷、陶瓷黏土、水晶、矿泉水、火山灰、玄武岩、大理岩、花岗岩、铀、泥炭等矿藏30多个品种。主要可开发：铁矿，金铜矿和金矿，陶瓷黏土矿，矿泉水资源，玄武岩矿，大理岩，花岗岩和火山灰。

第三节　渤海起源厚植文化

自旧石器时代起，在宁安这方水土，人们创造了漫长悠远又辉煌凝重的文化和历史。中华人民共和国成立初期，宁安被选为全国首批文化县，这座历史文化古城好似长青之松屹立于塞北边陲。宁安古城风光秀丽，境内有自然天成的世界第二大高山堰塞湖——镜泊湖，有世所罕见的国家森林公园，有唐代渤海国上京龙泉府遗址，有始建于后金的宁安大石桥，还有"北国第一名泉"泼雪泉。

宁安古城物华天宝，气候宜人，素有"塞北江南"之美誉，七山一水二分田之地貌，资源丰富，人杰地灵，英雄辈出。宁安山川绮丽，历史悠久，文化源远流长，文物古迹颇多，自然景观得天独厚，遍布各地。除镜泊湖、火山口国家森林公园闻名中外，宁安境内的山水钟灵毓秀，具有巨大的开发潜力。宁安的文物古迹比比皆是，经过多年的精心保护和科学开发，诸多新开发的景观正在为振兴宁安经济与文化旅游事业蓄力。

一、渤海镇——唐代渤海国的都城遗址

唐代渤海国，是当时我国东北地方以粟末靺鞨为主体，结合靺鞨诸部及其他各民族而建立的少数民族政权，其君主历来受唐王朝的册封，封号先后为"左骁卫大将军""渤海郡王""领忽汗州都督""银青光禄大夫、检校司空、渤海国王""金紫光禄大夫、检校司空、渤海国王""金紫光禄大夫、检校太尉、渤海国王"等。渤海国算是唐朝在边远地区的一个藩国。

武周圣历元年（698），粟末靺鞨首领大祚荣在今牡丹江上游，以吉林省敦化盆地为中心，始建政权，自称震国。先天二年（713），唐睿宗遣使册封大祚荣为"左骁卫大将军、渤海郡王"，"领忽汗州都督"，从此"去靺鞨号，专称渤海"[1]，仿效唐朝制度。至辽天显元年（926）为辽太祖耶律阿保机所灭为止[2]，渤海国的历史长达229年。渤海全盛时，"地有五京、十五府、六十二州"，"其王数遣诸生诣京师（长安）太学，习识古今制度"，使用汉字，深受唐文化的影响，故有"海东盛国"之称[3]，是当时亚洲较大的都市之一。渤海农业和畜牧业产品丰富，各种手工业亦有一定规模，经济和文化上的发展，对古代我国东北乃至整个东北亚地区的开发做出了很大的贡献。

---

① 《新唐书·渤海传》，中华书局1975年版，第6180页。
② 参见《辽史·太祖本纪》，中华书局1974年版，第21—22页。
③ 参见《新唐书·渤海传》，中华书局1975年版，第6182页。

　　1963 年，中国科学院考古研究所（1977 年后改为中国社会科学院考古研究所）东北考古工作队第二队在辽宁、吉林、黑龙江三省境内对渤海的各类遗址和墓地进行地面调查。1964 年，对吉林省敦化县六顶山的渤海墓葬（六顶山为唐代渤海国前期王室和贵族的墓地）进行正式的发掘，两次在黑龙江省宁安县渤海镇大规模发掘渤海上京龙泉府遗址，并进行全面的地下钻探，在上京龙泉府城址的郊外各处，也作了地面调查。[①]

　　在渤海国的五京之中，龙泉府规模最大，因地理位置在北，故称上京。城西临忽汗河（今牡丹江），又称忽汗城。文王大钦茂于天宝末年自旧国迁都于此，始为渤海国首都，总计两度在上京龙泉府建都，共达 160 余年。考古调查发掘工作表明，都城的建制模仿唐长安城，足见渤海国与唐王朝在制度、宗教、文化上的关系之深。辽灭渤海后，改名为天福城的渤海上京龙泉府遂遭废弃。至清代末年，曹廷杰、景方昶等始考定此城址实为渤海之上京。[②]1924 年王世选、梅文昭等编修《宁安县志》，对城址又有明确的记述和考订，并由傅明毓等实测绘制了"唐代渤海国上京龙泉府图"[③]。

　　民国时期，渤海上京龙泉府遗址多次遭外国侵略者的破坏劫掠。1933 年 6 月—1934 年 7 月，"日本东亚考古学会"趁日本侵占我国东北之机，对上京龙泉府遗址进行非法发掘，并于 1939 年在东京出版题为《东京城·渤海国上京龙泉府址之发掘调查》的报告。[④] 报告中发表各种遗迹、遗物的资料以及全城的平面图等，宫城内五座主要的大殿五重殿遗迹多被毁坏。

---

① 参见中国社会科学院考古研究所编著《六顶山与渤海镇》，中国大百科全书出版社 1997 年版，第 1 页。
② 参见曹廷杰撰《东三省舆地图说》，载金毓绂主编《辽海丛书》第七集，辽海书社 1932 年铅印本。参见景方昶撰《东北舆地释略》卷三，载金毓绂主编《辽海丛书》第三集，辽海书社 1932 年铅印本。
③ 参见王世选等《古迹·古城条》，载《宁安县志》卷三，1924 年铅印本，第 3—6 页。
④ 参见［日］原田淑人《东京城·渤海国上京龙泉府址之发掘调查》，日本东京东亚考古学会 1939 年版。

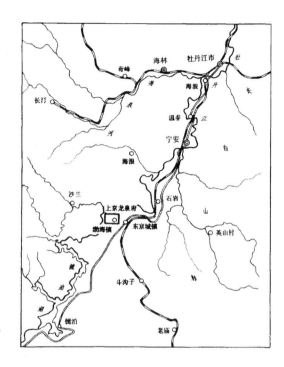

图1-1　渤海镇渤海上京龙泉府遗址
　　　　位置示意图

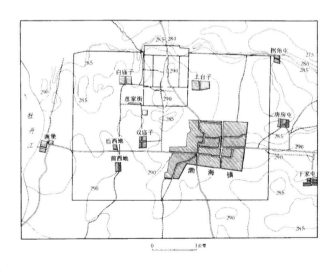

图1-2　渤海镇渤海上京龙
　　　　泉府遗址地形图

1964 年，中国科学院考古研究所探明了城墙和城壕的结构，城门的位置和形制，城内各街道的布局，里坊的区划，宫城的规模和建制，官衙的设置以及城内、城外佛寺的分布和佛殿的构造等，重新实测了上京龙泉府全城的平面图，可为中国、朝鲜、韩国、日本等东亚各国古代都城制度的比较研究作重要的参考，出土的大量遗物是考察渤海手工业产品的珍贵的实物资料。

二、古迹文物文化遗产

渤海上京龙泉府遗址在今黑龙江省宁安境内，东距东京城镇约 3 公里。在古城范围之内，则有渤海镇（原名东京城镇）及其所属土台子、白庙子、彦家街、双庙子、后西地、前西地等 6 个村落。东京城镇与渤海镇皆因上京龙泉府古城而得名，而古城遗址则坐落在渤海镇境内。以古城所在处为中心，周围数百里为一地，地势平坦。牡丹江出镜泊湖，自西南流入，在古城西墙外约 1 公里处经过，然后转折向东，南距古城北墙亦不足 3 公里。此处土地肥沃，灌溉方便，远处群山环抱，地势险要。都城自建置以来，至今已历千余年，而城郭、宫殿，形迹可辨。中华人民共和国成立后，有关部门在当地群众的支持和协助下注意保护，于 1961 年将其列入国务院颁布的第一批全国重点文物保护单位名单。1963 年，黑龙江省文化局在城址内设文物保管所，进一步加强了城址的保护工作。

1963 年，中国科学院考古研究所东北考古工作队第二队在城西约 2 公里的大朱屯试掘了 2 座渤海墓，1964 年进行正式的发掘。[①] 包括对城墙、城壕、城门，城内各街道、里坊的区划研究，对宫城、官衙、佛寺、佛殿的遗址勘探。文化遗物发掘出包括用于日用器皿、建筑材料的陶器和釉陶器以及主要作为生活用具的瓷器、铜器，作为生产生活用具、兵器、建筑材料的铁器，作为饰物和佛教仪式用具的其他种类如石器、骨器、料器及玛瑙、水晶

---

① 参见中国社会科学院考古研究所编著《六顶山与渤海镇》，中国大百科全书出版社1997 年版，第 44 页。

饰物，还有佛寺遗址中的泥塑像及残件。

本次考古发掘出土铁器的数量很多，每个遗址都有，种类复杂，共1596件。有铲、镰、刀、矛、甲片、镊、锁簧、钥匙、碗、盆、带具、车辖、门枢、门鼻、桩、合页、环、铁钩、钉、钉垫、泡、八角形铁片、锥形器、盔顶、铁条等27种，属生产工具、兵器、生活用具、建筑材料，也有用途不详的。[①]

兴隆寺俗名"南大庙"，位于现今渤海镇南端，现为宁安市文物管理所。兴隆寺在渤海时称"护国寺"，为王城佛事圣地，寺内殿宇重重，青灯古佛，晨钟暮鼓，历来香火不绝，可惜多次遭到毁坏，但几经复建，大体保持原貌。康熙年间复建的寺庙在道光二十八年（1848）被大火焚烧后，至咸丰十一年（1861）方得以整修，并增建钟鼓楼、配殿等建筑物。新中国成立以来，政府把它定为省级文物保护单位，多次修缮。如今，寺内幽静肃穆，寺庙南面院落，碑石壁立，古趣盎然，有四只石龟。在四只龟中，有一只为渤海时的遗物，另三个巨大的古碑之一是康熙年间黑龙江将军萨布素之父随哈纳的褒公碑，以满汉两种文字刻制碑文，另有通石碑为宁安县志碑。

院内正中轴线上，马殿、关圣殿、天王殿、大雄宝殿和三圣殿自南向北、逐次排列。重重庙宇建筑群，布局严整，体现历代劳动人民高超的建筑工艺。供奉佛祖释迦牟尼的大雄宝殿尤其雄伟，此殿沿用了古代最讲究的九脊庑殿式木构斗拱结构，罕见于黑龙江地区。三圣殿前，香烟缭绕，大石佛端坐在莲花瓣上，右手前伸，慈眉善目。在大雄宝殿和三圣殿之间的院落中矗立的高六米的石灯幢，俗称石灯塔，也叫石浮屠，是举世瞩目的稀世之宝，是渤海时期仅存的最完整的大型石雕，其用大块玄武岩精雕而成，由幢刹、相轮、幢盖、幢室、莲花托、中柱石、莲花座和底座组成，呈八面八角，幢室各八个窗孔上下镂空，造型别致，精巧玲珑，对于研究渤海国的文化、艺术和宗教以及与中原文化的交往关系均具有极重要的价值。寺内的几重大殿，除

[①]　参见中国社会科学院考古研究所编著《六顶山与渤海镇》，中国大百科全书出版社1997年版，第112页。

图1-3 上京龙泉府遗址出土陶器残片纹饰拓本

有彩塑各类佛像，四周文物展柜展出诸多渤海时期的历史文物，特别是辽金明清时代的有关文物及陶瓷工艺品，彰显着渤海厚重的文化历史氛围。

上京龙泉府都城面积大，周围筑城墙，规模宏伟。全城以"朱雀大街"为中轴，分为东半城与西半城，城门、街道、里坊都采取左右对称的体制。宫城在城的北面居中，皇城在宫城之南，二者都有高大的围墙，使宫室、衙署与居民区严格分开。佛寺甚多，分布在城内和城外。各种建筑物在形制、结构和设备上各有特点，兼具规模性、实用性、美观性。铜制品往往鎏金，少数装饰件上有细致的花纹，显示熟练的工艺技巧。铁器种类的复杂，说明当时铁的冶铸工业已高度发达，铁器已被广泛应用到农业、手工业、军事、营造和日常生活的各个方面。

坐落在城西的大石桥，后有鸡鸣山，前临牡丹江，距今已有380多年历史，始建于天聪八年（1634），初建时叫"长板桥"，为木质结构，后改修石桥。说起大石桥，总会提起金油匠修桥的故事。说同治年间，有个姓金的卖油郎，卖油时常过往此桥。他见石桥破损不堪，便倾其一生积蓄，把大石桥

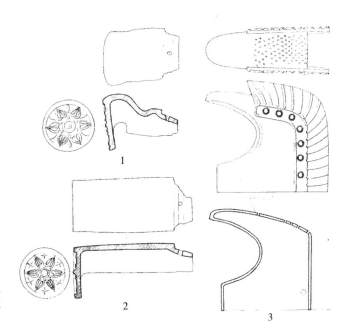

图1-4 上京龙泉府遗址出的土陶、釉陶建筑材料

修葺一新，金油匠修桥铺路造福了后人。石桥是以青石砌筑的单曲拱桥，桥长25米，宽4.5米，高7.3米。桥面两侧对称排列56根石立柱，柱顶均雕刻石桃。石柱之间的石板护墙刻有图案。桥下呈高4米多的巨型拱洞，泼雪泉水从桥洞一泻而下，流经山谷，注入牡丹江。大石桥被黑龙江省人民政府列为省级文物保护单位，桥的西南山崖上建有石亭，内置两通石碑，刻有记载历史的铭和碑文。如今这座大石桥南侧另修一座现代公路桥，连接东西公路。

宁安西阁遗址，位于城西鸡鸣山脚下大石桥之南。鸡鸣山和西阁，早在清初就是当时流放文人的聚散地，当时同是天涯沦落人的文人才子时常来此寻幽览胜，诗酒相酬。当年著名流人吴兆骞、张缙彦等七位才子曾在鸡鸣山松林间一所凉亭里结成"七子会"，他们或寄情山水，或抒发悲愤，留下传世之作。据考，这是黑龙江省有史以来的第一个诗社。[①]

始建于康熙年间的西阁也叫"观音阁"，还建有地藏殿、天仙圣母殿、河神祠、禅堂配殿和钟鼓楼，是一片气势恢宏的古建筑群。阁后山崖下有一幽深的石洞，被称为"神仙洞"，历史上是宁古塔的佛事中心和游览胜地。清初流人竞相吟诗作赋咏唱西阁。吴兆骞在一首诗中写道："高阁秋风蚤，凭轩晓色分。半空长白雪，极目大荒云。久戍应沉命，孤征敢念群。还怜豪气在，长啸学从军。"可想西阁的雄伟壮丽。直到清末民初，西阁还是宁安的民间文化活动最繁华的地方——农历四月十八赶娘娘庙会，举办民间放河灯活动。惜庚子年遭沙俄入侵者破坏，幸残楼断阁在中华人民共和国成立后重建。

三陵坟位于牡丹江上游左岸的皇陵地带，三陵乡三星村东侧，是唐代渤海时期上京龙泉府地区重要遗存之一，于1981年成为省级重点文物保护单位，1992年被评为国家十大考古重要发现之一。三陵乡南阳村老名叫陡沟子，在乡政府的西面偏北5公里左右。村北地势较高，南面全是镜泊湖火山口爆发喷射出来的岩浆玄武岩铺成的石岗子，人们称之为西石岗子，一望无

---

① 参见中共宁安市委宣传部、宁安市文学艺术界联合会编《镜泊湖畔历史文化名城宁安》，哈尔滨地图出版社2000年版，第82页。

边，面积很大。这片西石岗子属于唐朝渤海国王朝的墓地范围。在 20 世纪
60 年代，南阳村南的石岗子曾发现一个无棺古墓，古墓四周用玄武岩砌成，
里面埋着一个身穿盔甲的武士，武士身旁尚有使用的长矛。从尸体的骨骼上
看，这个武士身高至少在 1.8 米。南阳村自建村以来，就有朝鲜族居住，他
们大部分都是从延边地区迁来的，迁入后，就在西石岗子上种植水稻。1946
年，土匪马喜山的队伍曾多次来这抢劫。直到东北民主联军牡丹江军区派出
队伍把土匪消灭干净、建立了人民民主政权后，这里才得安宁。

三陵坟又称三灵坟，被认为是一处渤海王室陵园，也可能是渤海国王的
墓地。墓地背山面水，环境幽美，风水极好。在三陵坟遗存区虽然只发现一
座大墓，但经过多年的发掘研究，以及有关史料佐证，1992 年经文物考古
人员的物探已确定二号墓位置，渤海王陵在世人面前重现。王陵墓葬为石室
墓，由墓室、甬道、墓道三部分组成。墓室呈南北方向，长方形，长 4 米，
宽 2.19 米，高 1.9 米，墓门宽 1.46 米。墓室前接甬道。甬道南接斜坡形墓
道。陵墓整体呈“甲”字形。墓室四壁均由巨型玄武岩砌就，墓顶为石筑穹
隆顶，其上用大块玄武岩石封盖后堆成大石块，封土成冢。墓室四壁抹很厚
的白石灰，上有彩绘壁画。墓上地表原有覆盆式础石多块，今存 3 块。四周
散布着大量的残砖断瓦，其中有文字瓦当、莲花瓦当、釉色筒瓦等，可以推
断原来此地筑有亭塔之类的宏伟建筑物。在陵墓南侧出土一尊蹲踞式石狮，
雕琢细腻精美，颇具盛唐时的石雕特点。墓地四周原有石围墙，现在西、北
面尚可见墙基遗迹。据 1921 年成书的《宁安县志》记载，“清道光年间有
一石匠凿穿墓顶巨石，盗走墓内随葬的大量珍宝”，之后又有中外数次掘墓，
盗走人骨和多种器物。至 1923 年，墓内已空荡无物。

七孔桥位于宁安市渤海镇的上官地村，这里是优质水稻产区和远近闻名
的风景区。水渠连着稻畦，碧野接天，是个物阜民丰的好地方。距上官地村
西北约 1 公里的牡丹江可见上官古桥址，这是唐代渤海时期的桥址，也是黑
龙江省境内现存较早的古桥梁址之一。七孔桥历经 1300 年的风雨剥蚀，7
个桥墩至今依然坚如砥柱，横跨牡丹江，依稀保留当年的壮观气势和建筑风

采，充分显示出宁古塔悠远的历史文明和渤海人民的生存智慧。据说此桥有桥墩 8 座，最南一座临岸，七孔桥实为九孔，早已破坏无存。这座古桥横越江面宽约 170 米。桥墩用玄武岩堆筑，枯水季节仍高出水面 1 米有余。每座桥墩长约 30 米，宽约 14 米，两墩间距 12—15 米。关于七孔桥遗迹，在清初流人的《柳边纪略》等书中均有记载，对于研究我国古代桥梁建筑发展史具有珍贵的实物价值。[①]

渤海存有大量稀世珍宝。上京龙泉府有着 200 多年的历史，作为渤海国京城政治、经济、文化中心，遗存大量的历史文物。中华人民共和国成立后，党和政府高度重视文物保护工作，使许多沉睡千年的稀世之宝重新面世。如石灯幢具有典型的唐代艺术风格，是保存最完好的石雕艺术和建筑艺术相结合的文物珍品。新中国成立后，陆续在渤海上京龙泉府发掘出文字瓦、板瓦、忍冬花纹残砖、宝相花、纹砖、陶覆盆、鸱尾等大批文物，为研究渤海的文学、经济形态、建筑材料及建筑特点提供了珍贵的实物资料，多数被省博物馆收藏。

早在 1958 年，渤海镇出土一尊鎏金铜佛立像，高 7.4 厘米，宽 2.7 厘米，厚 1.1 厘米。右手下垂，左臂曲托向上，手中似托一物，佛像下部有插柄，可固定位置。铜佛造型生动，体态潇洒飘逸，代表唐代渤海地区的雕塑、彩绘和冶铸工艺水平，是研究渤海宗教文化与中原文化交流的重要资料。[②]1960 年 4 月，在上京龙泉府遗址出土的天门军之印（现藏省博物馆）为青铜质，呈长方形，通高 4.3 厘米，大小为 5.25 厘米 × 5.3 厘米，柄高 2.9 厘米。印文为汉字篆书，印背为汉字楷书。印文细挺有力，圆润活泼。经研究考证，应是唐代渤海官印。渤海国仿唐制建立了一整套政治、军事制度。"天门军之印"出自上京王城内，可以作为渤海设有与唐朝中央禁军类似的军事组织的重要线索，此印作为国内现存唯一的渤海官印，具有很高的

---

① 参见杨冬梅、关治平主编《历史文化名城宁安》，黑龙江人民出版社 2016 年版，第 72 页。
② 参见中国社会科学院考古研究所编著《六顶山与渤海镇》，中国大百科全书出版社 1997 年版，第 44 页。

历史研究价值。

瑞兽鸾鸟铜镜，在上京龙泉府出土（现藏渤海上京龙泉府博物馆），呈菱花形，直径10厘米，边宽0.2厘米，厚0.3厘米，重100克，镜背不分区，中心纹饰由同向排列双兽、双鸾鸟构成。兽似奔马，鸾鸟嘴衔枝，边缘装饰蜂蝶、花卉等，主要流行于唐代，与陕西一座唐中出土的瑞兽鸾鸟镜相似，为研究渤海文化与中原文化交流提供了实物资料。

渤海时期崇尚佛教，渤海舍利函至今已在渤海上京城遗址出土两套（均由省博物馆藏），盛装舍利子（佛骨），是研究渤海佛教流传、金属冶炼技术、工艺制作水平以及与中原文化交流等的珍贵文物。第一套舍利函发掘于1975年4月，一位当地农民在距上京皇城东部约300米处翻地时发现。全部遗物均在舍利函内，出土时不见"地宫"或"舍利阁"的任何迹象。函内外由七重组成。自外而内按其质地为石、铁、铜、漆、银等。第一重石函，由6块近方形玄武岩石板组成，每块不足1米见方，函盖石最大。第二重石函置于6块板石中间，由盖及函身两部分组成。第三重是铁函，由函盖、函身、底座组成，函高约30厘米、宽20厘米、长30厘米。铁函正面用大型插簧锁锁固。函盖上置一铁钥匙。第四重为铜匣，近四方形，长宽高各近20厘米，正面的绞锥形铜棍闩着。第五重是银平脱漆匣，盖和壁有精美纹饰。匣内是黑色泥土状物，土内有数十层丝织品包裹的1件桶状方形银盒，即第六重。银盒高8.5厘米，正面以六棱形小银锁锁定。锁上刻有纹饰。盒盖及四壁皆刻有生动的人物、花卉等。第七重是用丝织品包裹的桃状圆形银盒，大小与鸡蛋相似，高约6厘米。银盒中有1件小巧玲珑的琉璃瓶，称"舍利宝瓶"。宝瓶长颈，状似马蹄，壁薄如蛋壳呈淡绿色，瓶内盛放5颗暗白色大小"砂粒"，即"佛骨"。另在函中还发现一块形状如同大枣的琥珀、10颗蓝色料珠及小型铜扣珍珠饰物。七重函中的银平脱漆匣的四壁每面刻有3位人物，神态、装束各异，人物线条有力，具有很高的绘画技巧。1997年8月，在渤海上京内城西侧又出土了第二套舍利函。这是由石函、铜函、鎏金铜函、银函和金函组成的五重函。金函明亮光泽，内装有琉璃瓶碎片和一些极为精致的丝织品，丝织品中裹有 19 颗晶莹如玉的舍利子，虽舍利子无 1975 年的体积大，但丝织物较多并有金函，可能等级较高。舍利函在中原和东北地区极少发现，在渤海遗存的各类文物中，可谓稀世之宝。

三、宁安古刹建筑——寺庙遗产

宁安作为清代发祥之地，设宁古塔将军府、副都统衙门之所，康熙御赐"龙城胜地"、乾隆御书"大东毓瑞"之乡，清获罪名人流徙贬谪之城。实乃山川美、物阜民丰、文化昌盛之处，富有民族风格与特色，古城内外重点古刹遗产别具一格。

西阁寺庙建筑群位于城西三里的鸡陵山，鸡陵山拔地而起，登峰可俯瞰全城，康熙五年（1666）巴海将军选建宁古塔新城命名此山，西阁古刹就建在这山脚下，后倚靠虎头崖，北连大石桥、泼雪泉。中寺门楼三楹翘角飞檐，两侧掖门对称，三门前矗立四根斗旗杆，镶边黄旗迎风招展。行庙后绿荫深处，有一天然石洞，曰神仙洞，怪石屏壑，极富幽深，每逢初一、十五佛堂神殿香烟缭绕，善男信女焚香膜拜者络绎不绝。每逢农历四月十八娘娘庙会唱戏，五月初五端午节祭屈原，七月十五盂兰盆会放河灯。建筑有观音楼阁三楹，翘角大屋顶建筑，地藏殿三楹，河伯神祠一楹，天仙圣母殿一楹，弥勒佛殿一楹（门楼），配庑八楹，禅堂三楹和院外东西两侧数十座散仙庙浑然一体，显得雄伟壮丽。据《宁安县志》载，西阁古刹始建于康熙二年（1663），早于宁安建城两载。当时从北京大佛寺来一和尚陈允朗主持修建，后经朱氏家族集资扩建，以后多次修葺。光绪二十六年（1900）庚子之变惨遭俄兵破坏，巴海将军镌刻石碑被掠。

古刹为神、鬼、佛杂居寺院。西阁有四大奇观："丹江春月"、"西山栖月"、"松亭望月"（指五松亭）、"泉底揽月"（指泼雪泉）。十大美景："十里长江""西阁云霞""石桥烟雨""鸡陵飞瀑""山岚凝黛""江畔垂柳""东壁双碑""冰封飞雪""泼雪镌刻""湾月涛声"，不可多得之盛景使西阁成为久负盛名的文化宝库和游览胜地。

　　宁安城内有两座关帝庙，都是供奉汉寿亭侯关云长的庙宇，分别坐落在城东关和城西关。东关帝庙正殿三楹，后殿三楹，东、西配庑各五楹，禅堂三楹，文昌殿三楹，马神殿三楹，山门三楹。康熙四年（1665）建，于庚子之变被俄兵拆毁。西关帝庙正殿三楹，东西配庑各三楹，禅堂十四楹，酒仙祠一楹，牛王殿一楹，山门三楹，乾隆四十年（1775）建，1945年被苏军拆毁。相比之下，西关帝庙较东关帝庙规模宽敞。在苍松古柏掩映下的西关帝庙，近闹市，香火盛，每逢初一、十五日，人挤人肩挨肩，热闹非凡。每逢农历五月十二，关老爷"耍酒疯"、试刀亮刀的日子，全城士农工商聚集于此，集资杀猪宰羊、敬酒焚香和烧黄表纸，祈求保佑。每逢旱年祈雨，此庙是必到之处。[①]清代和民国时期，在西关帝庙举行祭祀，地方长官相当重视，要亲自主祭，仪式极为隆重。民国年间，陆军旅部驻防在此。1932年至1935年，西关帝庙被日本侵略者占领。后西关帝庙重新活跃几年，但香火逐年减弱，直至苏军拆毁。

　　宁安文庙坐落在城内东南，文昌宫之侧。《宁安县志》载，嘉庆二十三年（1818）建。民国五年（1916）毁于大火，迄未重建，仅余山门外两组石龟驮碑（现存渤海上京遗址博物馆内）。据记录，其整体布局效仿山东曲阜圣庙式样而建，传说施工前派专人赴曲阜孔庙勾画图样，然后动工修建，含大成殿，东西配殿均属大屋顶飞檐古建筑，殿前泮池、池上桥、两侧书礼门以及飞檐拱斗山门，大殿内七十二贤人牌位排列、供器乃至装饰，均仿曲阜孔庙。大成殿中央供奉大成至圣先师神位，两侧附配供"十哲""先贤""先儒"神位，含颜渊、子路、曾子、孟子、闵子、冉子等圣贤。早年祭孔期定于春秋两祭：农历春三月上丁日，农历九月上丁日准时祭奠，统由官府主办祭祀。祭礼不亚于西阁庙会繁华程度。宁安祭孔活动持续到1944年。

　　娘娘庙与三官庙为邻，在兴隆街北，北临北市场。娘娘庙正殿三楹，

---

① 参见郭军《宁安县城古刹建筑》，载中国人民政治协商会议宁安县委员会文史资料研究委员会编《宁安文史资料》第五辑，内部资料，1989年，第163页。

东、西配庑各三楹，大门三楹。康熙三十一年（1692）建，1947年时被毁。拜访上述两庙的人很多，尤其是娘娘庙更为拥挤。旧社会时期，妇女迷信娘娘，有的祈求怀孕生男孩，有的祈求保佑平安，有的为孩子"戴锁"和"摘锁"、送"替生人"、"闯关"等迷信活动，特别是农历四月十八娘娘庙会，庙里的道士比平时更忙。凡是拜娘娘庙的人，随后再拜三官庙。

财神庙在城东街，阜城街路北，是东城区繁华之处。正殿三楹，东西配庑各五楹，禅堂六楹，山门三楹，后院三合房各三楹，院中设鱼池、花圃和种植花树，是小型别致花园。财神爷正殿飞檐卷云大屋顶，气势宏伟。此庙建于康熙四十五年（1706），传说早期香火最盛，每逢农历初一、十五人山人海，清末曾有驻军，绥芬厅长官公署在此办公，民国期间县保卫总队部设在这里。

城隍庙坐落在城内东街路北，正殿三楹。康熙六十一年（1722）建，民国五年（1916）被大火焚毁。民国警察所在此办公，受到官府青睐，地方长官副都统、府官、县知事上任或离任时必须前来叩拜，保佑全境五谷丰登、安居乐业、仕途顺遂，出征前拜庙许愿，祈祷获胜平安归来，凯旋时必先拜神还愿，办丧事拜土地，遇有瘟疫，到瘟神庙送净纸、取净水，愿神保佑全家不得瘟疫。

宁安古刹还有天齐庙、祖师庙、药王庙、老君庙、七圣庙、古佛寺、弥勒佛院、地藏庙、文昌宫、山神庙、龙王庙、昭忠祠、风云雷雨神庙。寺庙建筑群之多，体现出丰厚的历史底蕴，佛教、儒家、道教的知识和文化体系在此交织。

随着改革开放日益深入，宁安市民俗旅游事业飞速发展。镜泊湖畔的瀑布村、卧龙湖度假村和近年开发的渤海风情园，蕴含浓郁的民俗风情，是调动多种社会力量，民间办旅游业的成功典范，在省内外引起广泛影响。

以渤海风情园为例，渤海风情园是20世纪90年代宁安依托当地文化遗产资源新开发的著名风景旅游区。渤海风情园位于唐代渤海国上京龙泉府王宫北侧，玄武湖畔，占地40万亩，主景区玄武湖水域80万平方米，是集稻作文化展示、水稻良种繁育、农技示范推广、田园风光体验和玄武湖遗址观光等于一体的综合型文化主题公园。公园内包括稻作文化展览馆、稻作田园体验区、玄武湖周边环境整治、配套旅游项目开发等四个板块。

据传此处原为王宫后花园；另据考古考证这里当年是建筑王宫时的采石场形成的一处深坑，后来引进忽尔汗河水成一片广阔的水域，由此得名玄武湖。风情园 1997 年 3 月动工兴建，1997 年 6 月 28 日落成开园，门楼古朴简约，门楣上方是黑龙江省原省委书记徐有芳题写的"渤海风情园"。

玄武湖位于上京城遗址正北，基本位于上京城中轴延长线上，几何形状颇似大明宫之"太液池"，与上京龙泉府遗址联系紧密，是都城的后花园，史称"和干池"，是渤海旅游区上京龙泉府遗址的重要延伸区域。

园内有白山黑水古寨、靺鞨水寨、上官渔家、王城大街、水帘洞、朝鲜民俗园、女真大院等各大景区，神韵各异，自成格局。一座座用椴树皮构建的木屋，古香古色带有唐风的街市和城楼古堡，旌旗招展、战船林立的水上建筑群，展示渤海人宗教信仰的图腾物，使人仿佛走入当年的渤海王城和先民的原始部落，感受浓浓的民俗风情和悠远的历史文化氛围。

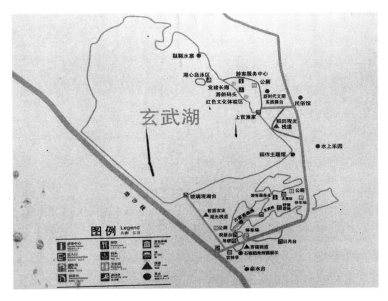

图1-5　渤海风情园平面图

图1-6 玄武湖

图1-7 农业风情区

2021 年，全国乡村旅游现场会发布了第三批全国乡村旅游重点村和第一批全国乡村旅游重点镇（乡）名单，宁安市渤海镇作为黑龙江省代表入选，接受"全国乡村旅游重点镇（乡）"授牌。为了进一步贯彻落实习近平总书记关于乡村振兴战略、乡村旅游发展的重要指示精神，文化和旅游部、国家发展和改革委员会联合开展了全国乡村旅游重点村镇遴选推荐工作，经过严格选拔，宁安市渤海镇最终入选第三批 199 个全国乡村旅游重点村和第一批 100 个全国乡村旅游重点镇（乡）名单。

渤海镇依托历史文化、自然风光、石板大米三大资源优势，坚持"以文促旅、以商带农、农旅结合、智慧发展"思路，走"旅游强镇、文化兴镇、农业富镇"发展之路，大力发展乡村旅游，使千年古镇及特色产业的知识内涵和文化优势凸显出来，旅游业成为当地经济发展的一大支柱和助推乡村振兴的新引擎。通过对渤海风情园的人居环境整治，景区生态环境极大提升。大雁、中华秋沙鸭等成千上万的候鸟在此栖息，大批的游客到此观光游览，旅游收入壮大了村集体经济，也带动了稻米产业发展，提升了石板大米的品牌知名度，拓宽了销售渠道，为返乡人员提供就业机会，使当地农民增产增收。2021 年，渤海镇在玄武湖农业公园原有基础上，以现代农业、休闲康养、智慧科技为核心，借助企业、高校提供的科技赋能和人才支撑，重点打造了展现唐渤海国时期文化和建筑风格的仿上京城、展示石板大米种植历史及技艺的稻作文化展示馆，实施乡村振兴战略和文旅农、强镇战略，设立乡村振兴"最强大脑"——清华大学工作站，还有具有鲜明地域特色的上官民宿，盘活乡村资源、优化乡村环境、激发乡村活力，实现了文化旅游与现代农业、智慧科技、商贸发展、休闲娱乐、特色民俗的有机融合，形成了集"吃住行游娱购"功能于一身的"农旅文"综合体，积极探索乡村振兴的新路径，努力将渤海镇打造为全国乡村旅游的前沿示范。

渤海风情主题公园占地面积 350 公顷，弘扬稻作文化，以稻作文化展示、水稻良种繁育、先进农业技术示范推广、生态农业体验为特色，水车、小桥、草木屋、观光栈道汇集成独特的建设风格，集影视拍摄制作、生态度假、观光旅游、康复疗养、农产品营销等功能为一体，突出渤海文化底蕴，极具地域特色，集300余种水稻品种石板种植示范区、稻作文化展示馆、观光区、智慧农业监控、休闲文化广场和红色文化设施等景点为一体。

图1-8　稻作文化展示区

图1-9　水稻良种繁育区

图1-10　火山熔岩台地——石板田展示区

图1-11　国家现代农业展示区

宁安市投资2700万元在渤海风情园的基础上打造面积165公顷渤海稻作文化主题公园，依托宁安市传承千年的渤海历史和弘扬稻作文化，建成集景观、生态、观光为一体的现代农业展示区，使"响水"这一国宴用米品牌成为推动文化旅游和优质稻米产业升级的又一重要展示平台。

稻作文化展示馆活态展示响水大米的"前世今生"，突出火山与水稻、水稻与文化、水稻与科技、水稻与民生四个主题，展示水稻的生产环境、种植技艺以及加工程序。

公共教育是文化遗产的知识传播和再生产的重要途径，体验者和参观者既是遗产知识的受益者，也敦促文化遗产的知识生产更高质，文化遗产的知识生产通过普及性的公共教育与社会公众产生互动。遗产是人类活动的"文化"化物化形态，超越时空局限而使人类活动得以长存，使一时一地的知识生产得以最大限度地扩展、延伸、再创造，要将遗产作为知识生产的重要途径和方式。

图1-12　玄武湖公园内仿上京城街景、文化展示

　　资本注入的当下意义和文化遗产的引导功能在当下的遗产发展中起到日益关键的作用，资本开发一方面使文化遗产依靠资本投入得以充分发展，另一方面，也可能因受制于资本而产生负面影响，文化遗产将企业、机构和个人纳入知识系统。在这一过程中，资本不仅使文化遗产进入市场，也引导实现知识公益化、遗产"文化"化社会化，通过交流和互动实现知识流动，对于遗产的知识生产意义深远。

第二章

自然为主：响水稻作与稻米

　　黑龙江宁安响水稻作文化系统的遗产地重点区域位于宁安市渤海镇、东京城镇、三陵乡境内，分布范围包括 18 个行政村，总面积 8 万亩。随着经济社会的不断发展，居民追求文化的层次逐渐提高，保护和挖掘开发稻作文化等农业文化遗产日趋迫切。宁安市政府经多年时间，完成了稻作文化系统保护和挖掘整体规划，形成了较详尽、可行的生物多样性保护和传统知识发掘体系。计划于 2025 年完成"响水稻米核心产区 8 万亩、辐射区 24 万亩水田的产业化经营，产业规模达到 200 亿元"的目标，把响水区域建设成为农业产业化发展示范区、镜泊湖畔生态文化小城镇，走出一条以文化产业助推城镇化、城镇化和产业化相互促进的发展道路。

图2-1　中国重要农业文化遗产——黑龙江宁安响水稻作文化系统

第一节　稻作遗产分布重点调查区域

宁安响水稻作文化系统的稻作遗产分布的重点区域位于渤海镇、东京城镇、三陵乡境内，本研究的田野地点渤海镇位于黑龙江省宁安市西南部，东靠城东乡及东京城镇，东南靠马河乡，南接镜泊乡，西邻沙兰镇，北与三陵乡接壤。全镇行政区域面积 506 平方公里，耕地 13 万亩。渤海镇南邻世界闻名的高山堰塞湖——镜泊湖，北靠国家级风景名胜——火山口森林公园，地处北方旅游"金三角"和咽喉入口处，渤海镇交通便利，距离牡丹江火车站 70 公里，距牡丹江机场 70 公里，距离黑龙江省省中型铁路枢纽——东京城站 3 公里。南起大连至鹤岗的国家级 201 高速公路贯穿全境。

渤海镇清代为东京城屯，民国时期为东京城镇、东京城保，后又改为东京城街，1946 年 8 月 12 日改名为世环镇。1947 年 5 月成立镜泊县，县政府设在世环镇。1948 年 8 月 6 日撤销镜泊县，镜泊县划归宁安县第七区，区政府仍在世环镇。1956 年 11 月 20 日世环镇又改名东京城镇，1958 年 9 月成立了东京城镇人民公社，1961 年改为渤海人民公社，1984 年 4 月 15 日改为渤海镇人民政府。

渤海镇人民政府所在地人口比较集中，除了城镇街道外，共有渤海、上京、龙泉三个行政村，是宁安南片的中心地，历来官方都很重视这个地方，在这里驻有兵丁和警察。

渤海镇除少部分村屯在山区外，大部分都在牡丹江上游的两岸，种植的水稻都在玄武岩的石板上，盛产以响水为代表的优质大米。截至 2018 年，渤海镇户籍人口为 34942 人。[1] 其中汉族占 60% 左右，朝鲜族占 30% 左右，满族占 10%，还有回族等其他民族。截至 2019 年 10 月，渤海镇下辖 2 个社区和 28 个行政村，本研究对渤海镇的上官地村和响水村进行了长期的田

---

[1]　参见国家统计局农村社会经济调查司编《中国县域统计年鉴—2019（乡镇卷）》，中国统计出版社 2020 年版，第 156 页。

野调查。

全镇地处渤海平原，牡丹江流贯全境，江西岸是玄武岩溶流形成的石岗区，江东岸是农田区。水利资源丰富，江河自流灌溉渠。本地气温较高，无霜期在 130—135 天，是著名的优质稻米产区。全镇耕地全部为水田。粮食作物主产水稻，还有玉米、谷子、小麦、高粱和少部分杂粮，镇内有部分菜田，渔业较发达，渤海镇是全县水稻主要产区之一，有虹鳟鱼养殖试验场。

渤海镇内有目前我国保存最完好的唐代都城遗址：渤海国上京龙泉府遗址，于 1961 年被列为第一批全国重点文物保护单位。近千年历史的兴隆寺内有世界上保存最完整的石灯幢，独特的玄武岩大石佛展现了渤海国时期神秘的风韵。1998 年渤海镇被黑龙江省委评为省级文明镇，2002 年被命名为国家级文明村镇建设先进镇，2004 年被中央文明办命名为国家级文明镇，2005 年渤海镇上榜第一届全国文明村镇名单，2009 年渤海镇入选第二届全国文明村镇，2011 年获得 2011 年国家生态建设示范区之"全国环境优美乡镇"称号，2014 年渤海镇被国家住房和城乡建设部等七部委确定为全国重点镇，2016 年 10 月渤海镇被住房和城乡建设部认定为第一批中国特色小镇，2021 年渤海镇入选第一批全国乡村旅游重点镇（乡）名单。

在 20 世纪末的中国国际农业博览会上，宁古塔牌的响水大米荣获名牌大米金牌，宁安镜泊粮食制品有限公司成了农业部稻米暨制品质量监督检验测试中心定点企业，渤海镇以石板田水稻生产的响水大米综合型企业蓬勃兴起。渤海镇作为黑龙江省最早的稻作起源地之一，水稻种植历史悠久，稻作文化具有极大的历史、美学和文化价值，以"火山熔岩台地种植、镜泊湖天然水灌溉"的响水大米享有很高的声誉。

第二节　得天独厚的黑龙江稻作

水稻是中国最主要的粮食作物之一，稻米是中国一半以上人口的主粮，毫无疑问在保障国家粮食安全、振兴乡村经济、提高人民生活质量方面，具有举足轻重的地位。我国栽培稻属于亚洲栽培稻种，有两个亚种，即籼亚种和粳亚种。中国的稻作栽培历史悠久，稻作环境多样，稻种资源丰富，而且育种技术先进，为高产、多抗、优质、广适、高效水稻新品种的选育和推广提供了丰富的物质基础和强大的技术支撑。中华人民共和国成立以来，育种技术不断改进，从常规育种到杂种优势利用再到生物技术育种，实现了水稻优良品种的多次更新换代。水稻品种的遗传改良和优良新品种的推广，栽培技术的优化和病虫害的综合防治等系列技术革新，使我国的水稻单产和总产不断提升，新品种不断育成和推广。

黑龙江省位于我国东北，欧亚大陆东部，属于高纬度大陆性季风气候，年平均气温由北向南分布在 –5℃—4℃，土壤冻结时间长达半年之久，是全国气温最低的省份，也是世界上最寒冷的稻作区。黑龙江省夏季气温高、昼夜温差大、光照充足、雨热同季、日照时间长，且水资源充足、土质肥沃、地势平坦，适宜发展优质粳稻，是一个得天独厚的优质粳米产区。黑龙江为我国北方稻区第一水稻大省，称"战略粮仓"。黑龙江省是我国重要的商品粮基地，为保障国家粮食安全发挥了重要作用。其稻作面积和水稻总产量的变化将对北方稻区乃至全国的水稻生产具有关键影响。

一、栽培稻与寒地粳稻

水稻喜温喜水、适应性强、生育期较短，凡温度适宜、有水源的地方，均可种植水稻。我国稻作分布广泛，最北的稻作区位于黑龙江省的漠河，为世界稻作区的北限（北纬53°27′）；最高海拔的稻作区在云南省宁蒗县山区，海拔高度 2965 米。南方的山区、坡地以及北方缺水少雨的旱地可以种植较耐干旱的陆稻。根据纬度、温度、季风、降水量、海拔高度、地形等，中国水稻种植面积南多北少，东南集中西北分散，分为华南、华中、西南、华北、东北和西北六大稻区。东北稻区是我国纬度最高的稻作区，属中温带—寒温带，年平均气温 2℃—10℃，无霜期 90—200 天，年大于 10℃ 的积温 2000℃—3700℃，年日照时数 220—3100 小时，年降水量 350—1100 毫米。东北地区光照充足，但昼夜温差大，稻作生长期短，土壤多为肥沃深厚的黑泥土、草甸土、棕壤以及盐碱土。稻作以早熟的单季粳稻为主，冷害和稻瘟病是主要问题。黑龙江省稻区粳稻品质十分优良，是我国优质粳稻的主产省。

栽培稻分为籼稻和粳稻，常规稻和杂交稻，早稻、中稻和晚稻。

中国栽培籼稻亚种和粳稻亚种由于起源演化的差异和人为选择，存在特定的形态和生理特性差异，并有一定程度的生殖隔离。总体上说，籼稻分蘖力较强，叶幅宽，叶色淡绿，叶面多毛，小穗多数短芒或无芒，易脱粒，颖果狭长扁圆，米质黏性较弱，膨性大，比较耐热和耐强光，主要分布于华南热带和淮河以南亚热带的低地。粳稻分为温带粳稻和热带粳稻（爪哇稻）。中国传统农家地方粳稻品种均属温带粳稻类型。籼稻、粳稻的分布，主要受温度的制约和种植季节、日照条件和病虫害的影响。我国的籼稻品种主要分布在华南和长江流域各省份，以及西南的低海拔地区和北方的河南、陕西南部，粳稻主要分布在东北、华北、长江下游太湖地区和西北，以及华南、西南的高海拔山区。东北地区的黑龙江、吉林、辽宁三省是全国著名的北方粳稻产区。

常规稻是遗传纯合、可自交结实、性状稳定的水稻品种类型，杂交稻是利用杂种隔代优势、目前必须年年制种的杂交水稻类型。我国是世界上第一个大面积、商品化应用杂交稻的国家，20 世纪 70 年代后期开始大规模推广三系杂交稻，90 年代初成功选育出两系杂交稻并应用于生产。目前，常规稻种植面积占全国稻作面积的近五成，杂交稻占五成多。

在稻种向不同纬度、不同海拔高度传播的过程中，在日照和温度的强烈影响下，在自然选择和人为选择的综合作用下，栽培稻发生了一系列感光性和感温性的变异，出现了早稻、中稻和晚稻栽培类型。一般而言，早稻基本营养生长期短，感温性强，不感光或感光性极弱；中稻基本营养生长期较长，感温性中等，感光性弱；晚稻基本营养生长期短，感光性强，感温性中等或较强，但通常晚稻的感光性强于晚粳稻。

籼稻和粳稻、杂交稻和常规稻都有早、中、晚类型，每一类型根据生育期的长短有早熟、中熟和迟熟之分，从而形成了大量适应不同栽培季节、耕作制度和生育期要求的品种。

二、水稻种质资源和品质性质

品种改良每一阶段的重大突破均与水稻优异种质的发现和利用相关，也被水稻育种的发展历程证明。每次创新与利用，都有助于选育出一系列高产、优质的超级杂交稻品种。水稻优异种质资源的收集、评价、创新和利用是水稻品种遗传改良的重要环节和基础。

我国具有多样化、非常丰富的水稻遗传资源。清代的《授时通考》记载了全国 16 省的 3429 个水稻品种，中华人民共和国成立以来，全国进行了4 次大规模的稻种资源考察和收集，这些水稻种质都是长期自然突变、人工选择和留种栽培的结果。在进行寒地粳稻品质育种时，应注意外观品质（粒形和垩白性状）和碾米品质（整精米率）的选择，提高整精米率、降低垩白度，选择遗传背景较远的亲本，以期提高东北地区香稻资源品质，达到优质育种的目的。

随着经济的持续增长和人民生活水平的提高，水稻能够满足人民的基本生活需要，人们对稻米的需求不再停留于量，转而追求美味、营养和健康的优质稻米。稻米品质的优劣影响着流通和销售甚至是人的消费选择和身体健康。稻米品质是一个综合性状，分别是外观、食味品质和营养品质等方面，稻米品质性状的最终形成是品种遗传特性和环境因素以及栽培条件综合作用的结果，其中起到最重要作用的是遗传因素。[①] 响水稻米主栽品种是稻花香2号和松粳22号，都属于优质香稻，其沁人心脾的香气和优良的品质、较高的营养价值被大家所认可和喜爱。香稻在蒸煮后溢出扑鼻的香气，米质也软糯可口，具有较高的营养价值和经济价值，在市场上的售价比普通稻米高出很多。

第三节　农食之响水稻米

一个理想的农食系统需要同时满足食物安全、营养健康、绿色可持续、包容性以及韧性等多重目标。重要农业文化遗产是具有独立性和完整性的农业生产生活系统，有利于促进传统农业生产技术、膳食营养理念和资源管理方法与农食系统结合。[②]

尽管评价稻米品质的指标很多，但从消费者的认识角度，只重视米的外观品质和食味品质，即"好看"和"好吃"。外观品质是对稻米最直观的第一印象，首先看粒形，比起圆粒，细长优美的长粒比较有特色，其次是稻米垩白多少、色泽光亮程度、米粒的整齐性和杂质，是否有新米的清香味等。在选择优质食味品种的基础上，经过深加工精选的稻米粒形会特别整齐。色选机的普及，使稻米的垩白率大大降低。同样是"稻花香"这个品种，同一批米，同一个米企加工，稻米销售价格产生差别的原因就是精加工程度（有些米垩白较多，不影响食用和口感，但是从米的外观看起来不够精致）和包

---

① 参见程方民、钟连进《不同气候生态条件下稻米品质性状的变异及主要影响因子分析》，《中国水稻科学》2001年第3期。

② 参见陈俞全《农业文化遗产参与农食系统转型的现实意义与关键议题》，《中国农业大学学报（社会科学版）》2022年第3期。

装不同（普通袋装、塑封袋装、盒装、礼盒装）。长粒香品种"松93-8"的繁荣和生命力来源于精美加工，使近年响水水稻的市场竞争力增强。

食味品质方面，稻米的主要成分有70%的淀粉（包含直链淀粉和支链淀粉）、10%的蛋白质和14%左右的水分、油脂和矿物质。问及水稻所的专家们稻米好吃的技术指标，概括起来重要的有：直链淀粉含量要比较低（10%—17%），蛋白质的含量也要比较低（6%—7%）。除了产地环境，栽培因素如适期播种、插秧密度、手栽还是机器插秧，都能影响稻米的食味品质。如果大米的直链淀粉、蛋白质含量高、脂肪含量低，那么食味会变差。从化肥的使用量上，"稻花香2号"这个优质稻品种并不喜肥，而氮肥影响稻米的蛋白质含量，因此要严格控制氮肥的使用量。钾肥和氮肥科学配合，可以显著提高稻米营养品质，硅肥可降低直链淀粉和蛋白质含量，锌含量较高地块香稻香味较浓，锌硅肥配施可提高稻米胶稠度和口感。当然，选用有机肥可以协调养分供应，有效改善土壤物理性状增加通气性提升土壤肥力，提供全面、均衡的营养，使人们食用的稻米不但好吃而且安全，有利于身体健康。

从健康角度来看，随着食物生产能力的持续改善以及居民收入水平的提升，人民可获得的食物数量及种类极大丰富，但过量无节制的摄取超越了健康饮食理念，由于摄入能量多、碳水化合物等过多，肥胖症、糖尿病、心脑血管疾病多发。要改善不合理膳食所带来的健康问题，不合理农业生产方式带来的生态退化、气候变化等问题，须推动农食系统转型，以实现"粮食安全""健康中国"等目标。传统农耕为农食系统转型提供了丰富的经验积累和地方性实践。重要农业文化遗产是我农业大国的劳动人民在漫长的历史时期创造出来的大量充满智慧的农业系统，它们长期保持稳定，提高生产力，保障粮食安全，是利用以重要农业文化遗产为代表的传统农业知识和技术，在生产、营养、生态及农民生计等各个领域贡献经验和智慧。[1]

响水稻作稻鱼鸭共生系统中，稻田天然具备去污、净化的能力，避免了

----

[1] 参见陈俞全《农业文化遗产参与农食系统转型的现实意义与关键议题》，《中国农业大学学报（社会科学版）》2022年第3期。

水体污染，也为鱼、鸭生存提供了更加安全的活动环境，鱼、鸭的活动使害虫落入水中成为饵料，避免了病虫害的威胁，也减少了农药的使用，肥料基本可以从稻田中所饲养的鱼、鸭获得。水稻生产与养鸭生产紧密地结合，让鸭承担起稻田除草、施肥、中耕浑水刺激水稻生长等多种田间作业功能，来替代现行稻作中应用化肥、农药、除草的方式，利于生产有机稻米。农业系统遵循"顺应自然"的理念，人们在生产生活实践中，强调生产方式的适宜性、资源利用的可持续性进行微妙的适应性设计，包括选育高产且稳定品种、采用物理手段防治病虫害、保护地力并提高土壤肥力、修建水利基础设施等以确保系统的稳定可持续。

创造经济价值不是重要农业文化遗产的核心目的，但不可忽视其所带来的经济可持续性，农食与遗产的有效结合与保护是保障农户经济收入的基础。重要农业文化遗产能够产生经济价值。首先，响水遗产地具备良好的生态条件、浓郁的地方特色以及传统和现代结合的种养模式，能够提供具有高附加值的食物，创造特有农产品品牌提升产品的市场价值。自被认定为重要农业文化遗产后，已经打响品牌的"响水大米"的市场价格由 2010 年左右的每斤 2 元左右上涨到了 4—10 元不等。其次，是文化和旅游价值，稻作文化带动了周边以渤海国遗址、响水稻作核心区为中心的文旅开发与融合。

第四节　御贡响米

据当地人所说，响水稻米自唐朝就作为贡米进贡王朝，到新中国时期成为人民大会堂的国宴用米，跨越千年，成为米中传奇"中华第一稻"。响水大米是享誉国内外的绿色天然健康大米，焖出的米饭柔而不黏，质地适中，口感鲜美并且冷却后不回生。据欧洲农产品监测机构荷兰 SGS（Société

Générale de Surveillance，通标标准技术服务有限公司）检测中心数据，响水大米中钙、铁、铜、镁、钾、硒、锌等微量元素含量极为丰富，其中氨基酸、维生素及矿物质的含量高于普通大米，响水大米富含人体所需的 18 种氨基酸，人体不能合成的就有 7 种。

响水大米的优势在于：1. 土壤优势：响水稻米种植地，是经过亿万年前火山爆发形成的，是地球上唯一一块可以种植水稻的火山熔岩石板田，覆盖着一层亿万年形成的 10—30 厘米厚的腐殖土壤，土壤中矿物质、有机质、微量元素含量极为丰富。2. 地理优势：地理位置独特，地处北纬 44.4°，不仅是水稻种植的黄金地带，也属于中温带大陆性气候，夏短冬长，四季分明，使响水贡米所含淀粉中的直链淀粉含量低（16% 左右）。3. 环境优势：国家 5A 级名胜旅游区，世界地质公园——镜泊湖和火山地下森林区域，生态环境好，绿色植被覆盖率高达 70%，无工业污染，空气新鲜纯净，联合国在此区域设定了本土区域监测站，空气质量达到国家有机食品的生产标准。4. 水源优势：经国家水质监测部门抽样检测，镜泊湖水中铵根和亚硝酸盐含量无，在全国地表水质检测中实属罕见。镜泊湖水中含有丰富的钙、锌、铁、碘等人体所需的多种矿物质和微量元素。另外，有些区域的山泉水水质更佳，玄武岩储备的热量使水体达到有利于水稻生长的适宜温度，这种局部的气候环境非常独特。5. 绿色优势：土壤肥沃，化肥农药使用量小，温差大使病虫难以繁殖，病虫害少。

表 2-1　响水大米与普通大米营养成分的差别

（每千克）

营养成分	响水大米	普通大米
VB_1	1.4 毫克	0.22 毫克
VB_2	0.5 毫克	0.06 毫克
VB_3	17.3 毫克	1.5 毫克
蛋白质含量	7.26%	6.8%

　　宁安水稻栽培历史悠久，耕种知识系统、种植技术先进，响水大米种植技艺被评为黑龙江省级非物质文化遗产。早年宁安朝鲜族移民带来传统的稻米种植知识和技艺，近年朝鲜族和汉族人民共同在这片土壤上创造出宁安水稻旱育超稀植、水稻钵体旱育稀植技术，实为黑龙江省内首创，被评定为国内先进、黑龙江省内领先，并率先全面推广应用，其水稻旱育超稀植技术获得黑龙江省重大科技效益奖，与传统水稻种植技术融合成为农业文化遗产的重点推广项目。以此为基础，水稻大棚旱育、一段超早育苗、智能浸种催芽、水稻节水灌溉、生育监测、测土配方、绿色防控以及化学肥料和化学农药减量的"两减"栽培技术正在全新升级。同时，响水大米产区正在利用物理、生物等有机生产方式，大力开展稻田种养符合系统、生物菌肥应用、培肥地力、有机质提升、有害生物绿色防控等有机水稻生产技术，为现代化绿色有机生态农业、循环农业生产模式提供了有力的技术保障。

　　在充分发挥技术优势的同时，当地重视地方性农业人才和知识，广泛吸纳国内外先进科技成果，先后与中国科学院、中国农科院、国家粳稻工程技术研究中心、中国农业大学、东北农业大学等科研院所合作，并以牡丹江农技推广站、黑龙江省农科院、黑龙江省种子管理局等农业部门为依托，充分利用传统知识，大力引进先进技术、专家，重振响水米产业，复兴响水稻作文化遗产。

第五节　湖水为基泉水为底

　　水乃生命之源，生态之基。响水大米的自然灌溉水源主要来自镜泊湖——中国内陆罕见的沙质底淡水湖，水质清澈无污染，湖水流经湿地保护区，最终在镜泊湖形成了蓄积量为 16.25 亿立方米的巨大水体，湖水最深处约 140 米，自我净化能力强，水中含有丰富的矿物质和微量元素。镜泊湖从东北到西南蜿蜒曲折 45 公里汇入灌溉渠，水温逐渐升高，为促进水稻生长提供了更好的条件，使响水大米的口感和营养更佳，具备良好的品质和食用价值。

赋存于地下流出地表的水谓之泉，位于山脚下或山腰处的泉谓之山泉。观泉之胜状，千姿百态，或沸腾喷涌，凌冰破雪，或只见水溢，不见泉涌，或细流成溪，或汇集成潭，在辽阔的宁安大地上编织成一个个纵横交错、神奇秀美的水系网络。山泉也成为响水稻作文化系统的另一水之源。

江河水冲击能移土造田，也使稻农开始人工移土造田。20 世纪 70 年代初，全国劳动模范王喜堂曾在江西岸大石岗上移土造田 1.3 公顷，种植水稻获得成功。1998 年 6 月，在宁安市委、市政府帮助下，渤海镇西安村筹款 200 万元资金，使一期引水石岗造田工程提前开工了。仅 50 天时间，在裸露 1 万多年的石岗上，铺上了 20 万立方米黑土，造石板田 146.7 公顷，又采取先进技术解决 1975 年凿的 5000 米石渠漏水问题，使群众梦寐以求石岗造田的夙愿变成现实。

一、宁安之水

牡丹江为境内主要河流，它发源于吉林敦化的牡丹岭，自西南蜿蜒流入境内，由大河口处注入镜泊湖，从湖的东北出口瀑布处流出，以下仍称牡丹江。牡丹江几经曲折流转，至江富又折向东流，流经宁安城南，这一段水流平稳，两岸开阔，风景秀丽，有"十里长江"之称。水流至东砬子山北转，由温春进入牡丹江市郊区，向东北流去，至依兰附近注入松花江。

牡丹江是松花江主要大支流之一。它的干流在宁安境内有 153 公里，沿途汇入了大夹吉河、蛤蟆河子等大小四十五条支流后，水量大增。牡丹江干流贯穿东京城和宁安两个大型盆地，沿岸又有宽窄不一的狭长平原，这些盆地和平原大多是由它的冲积作用形成的。土壤平坦肥沃，大部分已开辟为水田。东京城盆地的渤海一带，已建自流灌区。另外，在沿江两岸还兴建抽水站灌区，灌溉农田，保证了农作物的年年增产。

牡丹江每年由 11 月初开始结冰，至次年 4 月初解冻，冰期约 5 个月。每年 6、7、8 月为洪水期，11 月至次年 5 月为枯水期。年径流量为 24.8 亿立方米。牡丹江干流由吊水楼至温春这一段，河水落差达 177 米，由于落差大，水流急，水力资源丰富。牡丹江上游大部分为熔岩河底，两边又多为岩岸，加之水量丰富，许多地方有建立水力电站的良好坝址，为发展水电、水利、防洪、排涝、灌溉和养鱼事业提供了十分有利的条件。蛤蟆河子是牡丹江最大支流，它发源于县东部的老爷岭，流经兴隆、兰岗、江南等境内，最后由宁安城南注入牡丹江，全长 100 多公里。

宁安境内湖泊以镜泊湖为最大，小北湖次之。另外，在西石岗子地，有许多小型湖泡散布其间。镜泊湖位于市境西南部，距宁安约 50 公里。湖形略似 S 形。按湖盆南北直线距离计算，湖的长度为 32.5 公里，按湖盆弯曲线长度计算，湖长可达 65 公里以上。湖的南部较宽，约 4 公里，水位高时，可宽至 6 公里。北部较窄，最窄处仅 400 米左右。全湖面积约 90.3 平方公里，湖水深度从南向北逐游加深，南部深 3—4 米，北部发电厂附近，最深处达 74 米左右。全湖的控制流域面积为 11820 平方公里，总库容为 125 亿立方米，多年平均入湖流量为 311 亿立方米。因此，镜泊湖自然形成牡丹江上游的天然水库。由于镜泊湖四周的集水区植被覆盖率高，入湖水流的含沙量很少，所以湖底淤积轻微，水位变化也不大。

按镜泊湖的形成原因，在白垩纪至第三纪形成大的湖盆，其后沿北东向发生断裂，东西两侧相对抬升，有大量玄武岩喷出，第四纪更新世晚期至全新世，火山再次喷发，流出大量熔岩，阻塞河道，抬高水位，因而形成镜泊湖。镜泊湖是我国唯一的大裂谷火山熔岩阻塞湖，亦称断陷—堰塞湖。湖水的出口处，由玄武岩构成陡峻的峭壁，湖水由上面冲泻而下，形成一个宽 30 多米、落差为 20 多米的镜泊湖瀑布，俗称吊水楼瀑布。

镜泊湖和牡丹江的丰富水利资源，很早以前就被人们所利用——在瀑布近处修建了镜泊发电厂，后又在其附近修建了"三一〇"发电厂，不久在牡丹江石岩附近又修建了平安电站。这些电站的建立，对发电、防洪、排污、蓄水等都发挥作用。此外，牡丹江几条支流上先后修建了很多个小型水电站，供给城镇工业、农村灌溉用电和生活用电。[①]

二、第一名泉

泉水总是顺势而为，从低处聚集能量，高山深处的山泉溪水，常是大河长江的源头，千百公里流长的名川干流正是由无数的泉溪、江河支流汇入而成，蓝天、黑土、绿水、青山、清泉构成大自然水生态的和谐之美。

可与南方诸泉媲美的北国名泉当数宁古塔泼雪泉。宁安市境内山泉分布较广，有泉数百处，出露地点星罗棋布，遍布 12 个乡镇、东京城林业局、宁安农场及黑龙江小北湖国家级自然保护区。众多山泉、泉眼的形成是宁安地区独特的地质构造、地貌特征和地下水赋存条件及水力特性等诸多因素综合作用的结果。宁安市地处长白山麓张广才岭和老爷岭之间的牡丹江盆地上游，为强烈火山作用的低山丘陵区。地势西南高、东北低，四周高、中间低，海拔高度 241—1559.4 米，由西南向东北形成山地、丘陵漫岗、沿江平原三种地形。境内由西向东相间形成构造侵蚀低山、侵蚀丘陵、侵蚀堆积山前台地、河谷冲积平原（由两级阶地、河漫组成）及新时期熔岩台地五种不同地貌类型。

在漫长的地质运动中，地层中的岩体断裂在地下水的溶蚀作用下，出现了大量的裂隙、孔隙、孔洞，构成地下空间网络系统，吸收、储蓄了大量的地下水。依据地下水的赋存条件和水力特性，全市地下水可划分为分布稳定的松散岩类砂砾石孔隙水、连续分布的碎屑岩类裂隙孔隙水和分布不

[①] 参见中共宁安市委宣传部、宁安市文学艺术界联合会编《镜泊湖畔历史文化名城宁安》，哈尔滨地图出版社 2000 年版，第 82 页。

图2-2　泼雪泉雪景

均匀的基岩裂隙水。从地下自然流出的泉水主要为基岩裂隙水。据《中华人民共和国区域水文地质普查报告》[1]载："低山区和牡丹江以西海浪至宁安低山坡地，赋存基岩风化裂隙水，多以泉的形式排泄，水量较小。""构造泉水统计表"载，宁安境内洋草沟、黄旗沟、小盘岭等丘陵地的泉水均为构造裂隙下降泉水。特殊的火山地质构造，丰富的大气降水和良好的生态环境，造就了得天独厚的泉眼型矿泉水资源，使宁安市成为优质天然矿泉水的生成地。

　　优质山泉水滋养着世代宁安人。早期，当地人依泉而栖，形成古老村落。岁月流逝，几经迁徙，村民虽居开阔之地，但仍引泉入村，供生活饮用及灌溉农田。江南乡东兴村、双兴村、星光村，卧龙乡爱林村，马河乡跃进

①　参见黑龙江省地质局编《中华人民共和国区域水文地质普查报告》，内部资料，1976年。

村等数十眼山泉供几千户居民日常饮用。境内开发利用地下水资源的历史颇早，渤海上京龙泉府遗址的八宝琉璃井、五凤楼古井和兴隆寺（唐渤海国时期称石佛寺）古井，是唐渤海国时期人工开凿的最早古井，供皇城（紫禁城）王公贵族和寺院僧人生活饮用，距今已有1300年的历史。近年来，宁安市依托山泉水资源相继开发的众多品牌矿泉水，口感甘洌，水质上乘。宁安充分利用天然山泉水资源优势，打造绿色食品产业链，稻米、蔬菜、寒地水果、蜂产品及水产品多品类发展，使宁安市成为绿色食品之乡。[①]

泼雪泉位于宁安城西大石桥北，南临牡丹江畔，依偎在绿树滴翠的鸡冠山脚下，1988年，宁安县人民政府在泼雪泉修建自来水厂，供全县居民饮用。1999年，宁安市开发矿泉水商品。清人张缙彦于《宁古塔山水记》有载，张缙彦好友吴兆骞闻城西此泉，特踏雪郊游赏泉。张缙彦亲笔题"流清味甘，不让于江南诸大名泉"之词。1923年，宁安县知事王世选筹资维修泉南大石桥，立碑亭于桥东南处，碑中题词"泉名泼雪，接近石梁，澄清可鉴，甘润诗肠，凝冬不冻，千古流长"。

严冬时，泉口水气袅袅，云蒸雾润，白雪皑皑覆盖四野之时，泉水仍急流而下，泼雪如银，经大石桥注入牡丹江。抗日战争时期，人们修砌水泥泉井，将泉水环抱其中，将泉水引入北侧一小型水库，再用水管输出供人饮用，泉井保持至今。

三、渤海山泉

渤海镇三面环水，四周环山，远山为屏，近水为堑，南接镜泊湖，北靠唐代渤海国时期三陵古墓群，西邻火山口国家森林公园，地处北方旅游金三角，交通便利，通信发达，有航运灌溉之利，适于发展农牧业和旅游业，同时兼具独特的地貌景观，即史称"德林石"的熔岩台地，面积百余平方公里，地下森林绝景和地下溶洞闻名遐迩。台地之上群山相连，植被苍翠，景

---

① 参见张万林、刘文泽、朱文光编著《古今宁安》，黑龙江朝鲜民族出版社2009年版。

色宜人，令人称奇。渤海镇土沃地肥，是世界玄武岩石板稻米的唯一产区，牡丹江上游优质水源灌溉，盛产品质优良、富含多种对人体有益微量元素的响水米，自唐代以来为历朝贡米，后用作过人民大会堂国宴用米。区域内水面养殖面积大，素有"塞北江南""鱼米之乡"之称。

渤海镇文化底蕴深厚，有保存最好的唐代都城遗址——渤海国上京龙泉府遗址，兴隆寺内有保存完好的石灯幢与大石佛，尽显大唐遗风。镇内江河纵横，水资源丰富。牡丹江水自西南流入，由南向北再转东流经全镇，年径流量24.8亿立方米。全镇山泉散布，大小不一，泉水清澈甘洌，水质上乘，水温恒定，流量较大。境内有唐代渤海时期的八宝琉璃井、五凤楼古井和兴隆寺古井，是唐代渤海国皇室贵族的专用井，历经千年风雨洗礼，五凤楼古井和兴隆寺古井至今保存完好，仍在使用。

渤海虹鳟渔场地下涌泉位于西安村西南1.5公里处，毗邻香磨河和南洋河，因泉水流量较大，慢慢汇集成小湖，名曰转心湖。转心湖为火山喷发后地下涌泉汇集而成的火山断裂湖，湖水水源自下而上，无固定流向，湖面宽阔，清明如镜。湖畔水光山色，树影倒映，泉底青石、沙粒清晰可见，附近村民饮泉而居，因泉水质独特，温度恒定，冬不封冻，适合冷水鱼养殖和鱼苗种繁育，建有冷水性鱼试验站，占地1497平方米，为中国较早人工培育虹鳟鱼之处。良好的水质，令冷水鱼肉质鲜美，营养颇丰，声名远播。

咕咚矿泉位于拐角屯西，系第四纪中期火山喷发，玄武岩浆阻塞牡丹江河道而形成镜泊湖—堰塞湖体系，在古老变质岩和玄武岩裂隙中涌出的一泓清泉。距泉千余米即可闻泉水涌出的咕咚声，故得名咕咚矿泉，因泉水有较高的饮用价值，居唐代渤海国上京龙泉府遗址旁，所以又称上京地液涌泉。

自1992年起，咕咚矿泉经国家权威部门多次检测，泉水各项指标均符合国家标准。2003年年初，镜泊湖酒厂以涌泉为原液在此建立，旨在充分利用涌泉的宝贵资源，福泽百姓。

八宝琉璃井位于渤海国上京宫城第二宫殿址东北角，是我国东北地区第一古井，距今约1300年。渤海上京宫城是渤海上京龙泉府遗址的精华，也

图2-3　黑龙江水产研究所渤海冷水性鱼试验站

图2-4　人们从咕咚矿泉中取水自用

是渤海上京城的核心，第二殿址尤为壮观，比唐都长安城大明宫含元殿的面积大 195 平方米，为我国目前发现的唐代单体建筑遗址面积之最。八宝琉璃井井壁用玄武岩石块垒砌而成，井口至井底深约 6 米，井口呈八角形，井口下 2 米处断面呈八角形，直径 66 厘米，以下断面呈圆形，直径逐渐增大，深约 4 米处直径最大，近 1 米，往下略微收缩至井底直径 82 厘米，这种构造方式既能使地下水充溢进入，又能使井壁充分承受外部压力，美观耐用，据说是渤海国王和亲近大臣品茗的专用井。

五凤楼古井位于渤海国上京宫城五凤楼基址左前方，俗称午门，正门址有一高大台阶，东西长 42 米、南北宽 27 米，高于地面 5.2 米，深入地下约 1.5 米。五凤楼曾是国王颁布诏书、宣布大赦等举行重大庆典活动的场所。五凤楼及上京城系列建筑体现盛唐文化与东北地区古老民族文化相融合，并具有特定时代性、地域性和民族性的历史文化，是盛唐文明非常具有代表性的物化载体。

兴隆寺古井位于渤海国上京龙泉府遗址南侧兴隆寺后院，兴隆寺原址称"石佛寺"，是渤海上京城规格较大的寺院，为渤海王城佛事圣地。清代时更为现名，清代流人张缙彦的《宁古塔山水记·域外集》和张贲的《白云集·东京记》中对兴隆寺均有记载。寺内现存渤海国时期珍贵文物大石佛和石灯幢以及黑龙江地区仅见的清初木构斗拱建筑——大雄宝殿。

古井在三圣殿后侧，井口为新砌玄武岩八角状体，井壁亦由玄武岩叠砌而成，直径 0.8 米，井口沿至井底深 4.4 米，至水面深 1.9 米。20 世纪八九十年代，为龙泉村、西地村附近居民的主要饮用水源。据当地老人回忆，此井水清、味甜而凉，此井灌溉出的米质奇佳，用此井水焖出的米饭溢香扑鼻。

宁安地区水网密布，沿河农田、乡村、引水渠道既满足灌溉的需要，又成为重要的水文资源，村落依河而建，因河而兴，河道、古桥、古树记录着村落水土人文的相互贯通，成就具有北国特色的农业文化遗产。中国作为农业大国，"善治国者，必先治水"，"兴水利，而后有农工"，农业文化遗产以农业生产为基，很多遗产地与农耕稻作文化和水文水系直接相关，其中，农业生产的水系水源利用、水利设施、水田灌溉、水田管理等为农业文化遗产的物化形式，是对传统知识的充分使用和开发后的直接结果，和田园风貌、水利景观、山水名胜等共同构成了农业文化遗产的文化灵魂。

第三章

稻种为辅：品种与传统技术

　　从 20 世纪 90 年代初到 20 世纪末，短短几年时间里的 4 次中国农业博览会上，宁古塔牌的响水大米连连夺魁，荣获金质奖。响水大米名冠京华，驰名中外。来源于渤海镇的响水、江西、东莲花、西安、大朱家、上官、上京和城东满族朝鲜族自治乡的哈达、牛场、烽火等村的响水大米有个共同特点，即种植在火山熔岩玄武岩形成的石板台地冲积平原上，以镜泊湖水灌田。响水大米，粒白如玉，汤若鲜乳，米香四溢。由牡丹江中上游广阔的林地冲刷下来的大量腐殖土，淤积在玄武岩石板台地上，形成了肥沃的良田，土质疏松肥沃，水温适宜，石板地积温高，昼夜温差大，有利于水稻干物质积累，更利于优质稻米的出产。

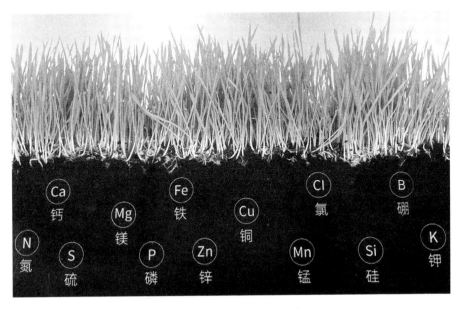

图3-1　腐殖土所含的营养元素

粮安天下，种子为基。种子是农业"芯片"，2022 年"中央一号文件"突出部署要大力推进种源等农业关键核心技术攻关，全面实施种业振兴行动方案。开展农业品种培优、品质提升、品牌打造和标准化生产提升行动，和重大品种研发与推广后补助试点。2022 年 3 月 1 日起，修订后的《中华人民共和国种子法》正式施行，进一步强化育种原始创新保护。农业农村部启动上线全球首个农作物品种 DNA 指纹库公共平台，从技术层面为种业领域打假护权提供支撑。种子的选育、农业技术的发展和乡村社会的变迁紧密联系。①

近代，移居过来的朝鲜族人为中国东北揭开了水田开发史的序幕，带来了在高纬度地带开发水田和种植水稻的技术，是当时引进和推广国外朝鲜、日本优良稻种的"主力军"，因此，宁安的水稻品种与朝鲜族、日本稻种有着非常紧密的联系。②随着东北逐步推进农田水利设施的建设和水稻品种改良，不断培育出更适合中国东北气候和自然条件的粳稻品种。

第一节　寒地水稻种植区别与技术发展

水稻是喜温短日照作物，起源于我国南方，由南方传到了北方，再由黄河流域向东北扩散。唐代初期至中叶，以今宁安市为中心的唐代渤海国已有水稻种植，近代由吉林省舒兰县扩种到黑龙江省五常（1895）、宁安（1897）等地，其后继续扩展北移。

---

① Clifford Geertz, *Agricultural Involution*: *The Process of Ecological Change in Indonesia*, Berkeley, CA: University of California Press, 1963.
② 参见徐大宣《东三省水稻及其耕作法》，东北新建设杂志社 1930 年版。

一、种植区划

20世纪80年代开始的水稻品种种植区划的研究，主要依据各地活动积温将黑龙江省划分为六个积温区，每个积温区相差200℃，即第一积温区≥10℃活动积温为2700℃以上，第二积温区≥10℃活动积温为2500℃—2700℃，第三积温区≥10℃活动积温为2300℃—2500℃，第四积温区≥10℃活动积温为2100℃—2300℃，第五积温区≥10℃活动积温为1900℃—2100℃，第六积温区≥10℃活动积温为1900℃以下。根据当时气候条件和品种熟期，寒地粳稻品种只能在第一、二、三、四积温区种植。进入21世纪以来各地气温普遍升高，现在的品种积温区和原来的品种积温区变化较大，提高0.5—1个积温区，因此寒地粳稻区（第五积温区）目前已大面积种植水稻。

响水稻作区域范围覆盖第一积温区和第二积温区，因此先对第一、二积温区予以说明。第一积温区位于寒地粳稻区南部，包括哈尔滨市、齐齐哈尔市、牡丹江市、绥化市、大庆市等的26个县（市、区）。区内有松花江、牡丹江、拉林河和绥芬河等水系，适于水稻生产，≥10℃活动积温2700℃以上，无霜期150天，水资源丰富，年降水量500—600毫米，水稻生育关键期热量充足，冷害频率较低，水稻单产明显高于其他作物，最适抽穗期为8月5—6日，可种植13—14片叶的中熟、晚熟品种。渤海国时期与唐朝交好，往来频繁，当时著名农产品卢城之稻为主要交易商品。近代，黑龙江省的五常、宁安等地由于朝鲜人的迁居，大力开荒、兴修水利，发扬稻作传统，成为优质稻主产区。

第二积温区分布较广，主要包括哈尔滨市、齐齐哈尔市、牡丹江市、佳木斯市、大庆市、鸡西市、双鸭山市和七台河市的46个县（市、区）。宁安市部分水稻产区位于此积温带范围内。该区可分为2个稻作区，一是中部平原稻作区，内有松花江、乌苏里江、呼兰河、汤旺河、倭肯河等水系，水资源丰富，热量资源也较适宜，≥10℃活动积温2500℃—2700℃，年降水量

550毫米左右，干燥指数0.9左右，无霜期140—150天，以种植11—12片叶的早熟品种为宜。二是半山间稻作区，主要位于黑龙江省中部的张广才岭和老爷岭山间及半山间的山谷地带，半山间稻作区内有牡丹江、蚂蚁河、穆棱河等水系，水资源丰富，年降水量550—600毫米，气候湿润，干燥指数为0.9左右，≥10℃活动积温2600℃左右，无霜期135天，适宜种植11—12片叶的水稻中早熟品种。

二、品种改良与生产技术

中华人民共和国成立后，黑龙江省水稻生产真正开始发展，品种改良起到了关键性作用。1949—1960年，通过评选地方良种、开展系统育种和杂交育种等选育和推广了一批优良品种，对恢复水稻生产起到了重要作用，这期间主要种植的是引入品种和系选品种，如石狩白毛、国主、兴国、青森5号、弥荣、合江1号等，采用的是粗放的直播栽培技术，不少地方水源不足，产量低而不稳，总体上可看作大力发展期；1961—1983年前期受困难时期的影响，农村生产力下降，水稻面积减少，育种手段由系统育种为主向杂交育种为主转变，进而又向常规杂交与生物技术相结合的综合技术育种方向发展，育成推广了合江10、合江11、合江14、合江18、合江19、合江20、合江21号，牡丹江4号，牡花1号，太阳3号，黑粳2号，普选10号等一批综合性状优良的品种，生产呈徘徊状态。1984—1996年，实现了种植面积的两个跨越：1986年面积突破50万平方米，总产量达到220.8万吨；1996年面积突破100万平方米，总产量达到636万吨。此间育成一批产量潜力大、综合性状好、适宜插秧栽培的优良品种，如合江19、合江21、合江23号，东农415、东农416号，牡丹江17、牡丹江19号，松粳2号，黑粳5号，普粘7号等，为黑龙江省水稻生产的快速发展做出了历史性贡献。1997年至今，根据市场需求，以选育高产、优质、多抗、适应性广的新品种为目标，采用综合技术育种，加大选择压力，育成了一批综合性状优良的高产优质新品种，如龙粳 12、龙粳 14、龙粳 21、龙粳 25、龙粳 26、龙粳 29、龙粳 31、龙粳 39 号，松粳 9 号，垦稻 10、垦稻 12 号，北稻 2 号，绥粳 7、绥粳 9、绥粳 18 号，牡丹江 28 号，龙稻 5、龙稻 7 号，东农 425、东农 428 号，垦粳 2 号，三江 1 号，五优稻 1、五优稻 4 号等，并育成多个超级稻品种。

黑龙江省水稻技术的发展主要是以品种演变和栽培方式变革为主要特征。在品种来源方面，由农家品种、引入品种转向自育品种；在育种方法上由系统育种转向常规育种，继而又转向常规育种与生物技术育种相结合的综合技术育种。在栽培方式上，由直播栽培转向插秧栽培；在育苗方法上，由水育苗转向旱育苗发展；在秧苗密度上，由合理密植转向合理稀植；在群体结构方面，由主穗为主转向主蘖穗并重。品种演变是指随着时间的推移，在自然因素和人为选择的共同作用下，在生产过程中一些品种被另一些品种所取代的不可逆的、正向的改变，育种目标的调整和品种演变进程标志着水稻科技的进步和生产的不断进步。

表 3-1　黑龙江省各年代品种演变情况 [1]

年代	生产的主要品种
早期	红毛、白毛、大红毛、小红毛、大白毛、二白毛、白头儿、光头稻、札幌白毛、早生京租、京租、北海道、津轻早生、小田代 5 号等
20 世纪 40 年代	兴国、国主、北海、青森 5 号、京租、津轻早生、石狩白毛、富国、坊主 6 号、农林 11 号、走坊主、早霜代、弥荣等
20 世纪 50 年代	合江 1、合江 3 号，牡丹江 2 号，青森 5 号等
20 世纪 60 年代	合江 10、合江 14 号，牡丹江 6 号，爱辉 1 号，牡黏 2 号，老头稻，洪根稻，星火白毛，丰产 4 号，太阳 3 号等
20 世纪 70 年代	合江 11、合江 15、合江 16、合江 18、合江 19、合江 20 号，北斗，下北，东农 12 号，黑粳 1 号，嫩江 2 号，太阳 3 号，普选 10 号，普粘 5 号，合旺 1 号，城建 6 号等

[1]　参见潘国君主编《中国水稻品种志（黑龙江卷）》，中国农业出版社 2018 年版，第 37 页。

续表

年代	生产的主要品种
20 世纪 80 年代	合江 19、合江 20、合江 21、合江 23 号、牡丹江 17 号、松粳 1、松粳 2 号，黑粳 3、黑粳 4 号，东农 413、东农 415 号等
20 世纪 90 年代	合江 19、合江 23 号、龙粳 3、龙粳 8 号，牡丹江 17、牡丹江 19 号，松粳 2 号，绥粳 1 号，黑粳 3、黑粳 5 号，东农 415、东农 416、东农 419 号，垦稻 8 号，普粘 7 号，空育 131，富士光，藤系 138 等
2000—2010 年	龙粳 8、龙粳 12、龙粳 14、龙粳 20、龙粳 21、龙粳 25、龙粳 26 号，松粳 3、松粳 6、松粳 9 号，垦稻 10、垦稻 12 号，北稻 2 号，绥粳 3、绥粳 4、绥粳 7 号，五优稻 1 号，牡丹江 28 号，龙稻 5、龙稻 7 号，东农 425、东农 428 号，垦粳 2 号，三江 1 号，空育 131，富士光等
2010 年以后	龙粳 27、龙粳 29、龙粳 30、龙粳 31、龙粳 36、龙粳 39、龙粳 43 号，龙庆稻 3 号，松粳 1、松粳 19 号，绥粳 9、绥粳 10、绥粳 12、绥粳 14、绥粳 15、绥粳 18 号，中龙香粳 1 号，五优稻 4 号，松粳 22 号等

栽培技术方面，直播栽培是黑龙江省固有的水稻种植方法，最初全是撒播，以后逐渐采用点播、条播及旱直播，从而形成了水直播、旱直播及水稻旱种 3 种直播栽培体系。到 20 世纪 40 年代初开始有了育苗插秧栽培，50 年代以后插秧面积逐渐扩大，逐步发展成直播与插秧并存的两大栽培技术。80 年代以后，插秧面积迅速扩大，到 90 年代初以旱育苗稀植栽培为主体的插秧面积已扩大到水稻面积的 2/3 以上，从此基本结束了长期直播粗放低产的历史，走向了以育苗插秧为主的精耕细作高产栽培的新阶段，寒地水稻旱育稀植栽培技术的推广成为黑龙江省稻作划时代的重大变革。进入 21 世纪，大力推广大、中棚旱育苗技术使育苗质量有了明显提高，为水稻单产的提高奠定了良好基础。育苗方式主要是机插盘育苗、钵体盘育苗、隔离层育苗和新基质育苗等。近年来，三膜覆盖、两段式和隔离层增温等超早育苗高效利用积温的育苗方式也在部分地区推广应用。

黑龙江水稻生产于 20 世纪 50 年代开始逐步采用机械耕翻整地，选用良种，改进播种方法，进行合理密植，使水稻产量有了明显提高。60 年代推广水稻大垄栽培畜力中耕除草、塑料薄膜保温育苗和拖拉机水耙地 3 项新技术，同时使用化学药剂除草，综合措施防治稻瘟病，提高了稻作技术水平。70 年代积极进行灌区整理和方田、条田建设，同时广泛应用化学除草、增加化肥施用量以及改进施肥方法和灌溉技术等，为恢复和发展水稻生产创造了条件。80 年代积极示范和推广盘育苗机械插秧、早育苗稀植栽培等技术，大幅度地提高了水稻产量，促进了水稻生产的发展。90 年代以后插秧方式主要有机械插秧、人工手插秧、钵育摆栽和人工抛秧等，其中机械插秧具有操作方便、不误农时、省工省力且适合大面积种植的特点，面积迅速增加，目前已达到全省的 90%。在栽培方式上主要采用了早育稀植三化栽培技术、超稀植栽培技术、叶龄诊断栽培技术、"三化一管"栽培技术、抗病保优栽培技术、稳健高产栽培技术、绿色稻米标准化生产技术、精确定量栽培技术等，在施肥方式上有较大幅度的转变，测土配方平衡施肥技术正逐渐取代常规施肥方法。在灌溉方式上主要采用淹水灌溉和浅、湿、干间歇节水灌溉。在病虫草害防治上采用以化学药剂为主的综合防治，近年来生物防治技术研究也取得了一定进展。

品种改良对水稻生产起到了关键性作用，新品种的选育和推广使生产用种实现了多次更新换代，使黑龙江省水稻单产不断提高、总产持续增加、综合生产能力稳定提升。

三、新品种的引进和试种

近代，朝鲜移民进入中国东北之初使用的稻种是从家乡带来的。来自朝鲜半岛的稻种在气候较温暖的辽东半岛得以成功引进，在气候寒冷、无霜期短的东北北部却很难生长，有稻种虽然生长起来，但产量很低，而日本的一些耐寒早熟稻种较适宜于东北的气候，因而日本稻种成为主要品种。清末，日本北海道的赤毛稻种在牡丹江地区试种，几年后培育出适应黑龙江地区自然条件的耐寒性强、早熟、产量较高的新品种。此后，朝鲜移民在东北大量试验使用从日本引进的稻种①。这一时期，水稻品种有红毛稻和白毛稻、早生京租、黄金钩、北海红毛、北海道、小田代5号和津轻早生等，从苏联引进了早光头。20世纪30年代先后引进改良北海道、龟尾稻、老人稻、京租等，当时改良的品种北海道、津轻早生和小田代5号的栽培面积占主导地位，40年代引进早霜代、松本糯、青森5号、天落稻、石狩白毛、坊主、富国、国主、弥荣和兴国等品种，其中青森5号、早霜代、兴国、国主、京租、津轻早生为当时的主栽品种。由日本引进的品种逐渐取代了地方品种和朝鲜品种。

中华人民共和国成立后，黑龙江省先后建立一些水稻科研机构，积极开展水稻品种改良和良种繁育，通过多途径育种、严格育种程序和鉴定方法，选育出一批与当时生产条件相适应的优良品种，推动了全省水稻生产的快速发展。可分为评选地方良种、系统选种、杂交育种和综合技术育种4个阶段。育种目标由注重品种的熟期性、耐冷性、抗病性、丰产性、优质性向高产、优质、多抗、适应性广转变。同时，开展了品种资源的收集、保存、利用和创新研究，为育种奠定了坚实的种质基础。

评选地方良种阶段（1949—1953）基本沿用了东北沦陷时期留下的水稻品种，是水稻生产和种子工作的恢复时期。各级政府组织开展地方品种搜集整理和提纯复壮工作，提出纯化繁育原有良种、加强选育新品种的方针，全面开展了群众性评选地方良种活动，这是中华人民共和国成立后水稻品种工作的一项重要举措，为解决当时水稻品种混杂退化和恢复水稻生产起到了重要作用。通过评选先后肯定了弥荣、兴国、国主、早熟青森、富国及石狩白毛等品种，并进行提纯复壮，为黑龙江省水稻生产提供了优良种质。

系统选种阶段（1954—1959）在搜集整理地方良种的基础上，黑龙江省农业科学院水稻研究所及牡丹江分院、齐齐哈尔分院和查哈阳农场试验站等单位及个人先后开展了以系统选种为中心的水稻育种工作，目标是选育生

---

① 参见衣保中《朝鲜移民与近代东北地区的水田技术》，《中国农史》2002年第1期。

育期 110—120 天的早熟、耐冷和适应性强的直播高产品种。1955 年推广了早熟青森，其后又系统选育成了国光，北海 1 号，合江 1 号、合江 3 号，禹申龙白毛等。推广应用的品种主要有石狩白毛、青森 5 号、弥荣、兴国、富国、国主、朴洪根稻、永植、禹申龙白毛等。20 世纪 50 年代末，黑龙江省石狩白毛和国主累计种植面积均超过 6.7 万平方米，其次是兴国、青森 5 号和弥荣等，对提高单产、发展水稻生产起到积极作用。

杂交育种阶段（1960—1969）是育种目标、育种技术和栽培方式具有根本性变革与发展的阶段。随着第一积温区保温湿润育苗插秧栽培技术的发展，需要生育期 125—135 天的中晚熟品种，株型从传统的穗重型变为中间型或穗数型。以选育穗大粒多、苗期耐冷、秆强抗倒伏、适于机械化直播栽培的早熟丰产品种为主攻目标，育种方法以品种间杂交为主。1962 年育成了第一个杂交品种合江 10 号，又相继杂交育成了合江 11 号、水陆稻 1 号。系统选育而成牡丹江 1、牡丹江 2 号，嫩江 1 号，太阳 3 号，丰产 9 号等。其中合江 11 号和太阳 3 号种植面积较大。插秧用品种主要是由吉林省引入的公交 8、公交 11、公交 12 和公交 36 号等中晚熟品种。

综合技术育种阶段（1970 年至今）中，20 世纪 70 年代，各科研单位陆续开展了多途径育种，如系统育种、杂交育种、花药离体培养育种、杂种优势利用、辐射诱变育种等，但仍以品种间杂交为主。同时系统地开展了对品种资源的耐冷性、光温反应特性和抗稻瘟病性的鉴定和筛选，并开展了稻瘟病菌生理小种研究等基础性研究工作。育种目标仍然是坚持以水稻株型改良为中心的高产品种选育，突出了抗稻瘟病性、耐冷性、耐肥性、抗倒性等综合农艺性状的改良。此间育成水稻品种的产量潜力大，但抗稻瘟病性不够稳定，主要品种见表 3-1，其中牡花 1 号为我国第一个花药离体培养育成的水稻品种。20 世纪 80 年代，随着旱育稀植栽培技术的推广应用，抗稻瘟病性强且抗性稳定、适应性广。各育种单位通过调整技术路线、改进鉴定方法，加强了对品种抗瘟性、耐冷性、抗倒性、适应性等性状的选择，育成一批产量潜力大、综合性状好的品种，使水稻生产登上了一个高产、稳产的新台阶。20 世纪 90 年代，黑龙江省水稻生产迅速发展，10 年间稻作面积翻了一番。低湿地、盐碱地、旱改水等稻田的开发利用和市场经济的发展，对水稻品种提出更高的要求，生产上需要集高产、优质、抗逆性强为一体的新品种。另外，还开展了航天育种、胚培和幼穗培养育种技术研究。进入 21 世纪，黑龙江省水稻生产又面临着新的问题：气候变化，低温冷害频发，产量波动剧烈。生产上迫切需要高产、优质、多抗、适应性广的新品种，尤其需要整精米率高、食味好、田间综合抗性强、适宜机械化栽培、轻简栽培和直插栽培的品种。根据育种目标和市场需求，采用综合技术育种，加大选择压力，育成一批综合性状优良的高产优质新品种。

四、近二十年主栽品种

（一）五优稻 4 号

品种来源：黑龙江省五常市种子公司从五优稻 1 号优良变异株中选出，采用系统选育而成，原品系代号稻花香 2 号。2009 年通过黑龙江省农作物品种审定委员会审定，审定编号：黑审稻 2009005。[①]

形态特征和生物学特性：属粳型常规中熟早香稻，基本营养生长期短。在适宜种植区出苗至成熟生育日数 147 天，需 ≥ 10℃活动积温 2800℃。主茎叶 15 片，株高 105cm 左右，穗长 21.6cm，每穗粒数 120 左右，千粒重 26.8g。

品质特性：糙米率 83.4%—84.1%，整精米率 67.1%—67.9%，垩白粒率 0%，垩白度 0%，直链淀粉含量 17.3%—17.6%，胶稠度 76.0mm—79.0mm。食味评分 87—88 分。

[①] 参见侯学然、王荣升《五常市特色水稻品种的历史与现状研究——从松 93-8 到稻花香 2 号》，《中国种业》2021 年第 3 期。

图3-2 五优稻4号

抗性：中抗稻瘟病。抗冷性不强，孕穗期容易发生障碍性冷害。

产量及适宜地区：2006—2007年黑龙江省第一积温区区域试验平均产量7687.5千克/万平方米，2008年生产试验平均产量8044.5千克/万平方米。2009—2014年黑龙江省累计种植面积31.9万平方米，2013年最大种植面积6.8万平方米。适宜黑龙江省第一积温区上限种植。

栽培技术要点：4月1—5日播种，5月5—20日移栽。插秧规格为33cm×18.5cm，每穴栽插2—3苗。中上等肥力地块，底肥、返青肥、分蘖肥施纯氮85—90千克/万平方米，氮：磷：钾=2：1：1.5。插秧后，结合田间除草追施速效氮肥，促进分蘖。田间水层管理采用干湿交替进行，孕穗期深水灌溉。成熟后及时收获。①

————————

① 参见潘国君主编《中国水稻品种志（黑龙江卷）》，中国农业出版社2018年版，第108页。

（二）五优稻1号

五优稻4号从五优稻1号优良变异株中选出，那么也有必要对五优稻1号的特点进行说明。五优稻1号品种来源：黑龙江省五常市种子公司、黑龙江省农业科学院五常水稻研究所从松88–11（松粳3号）品系变异个体中选出，采用系谱法选育而成，原品系代号为五龙93–8。1999年通过黑龙江省农作物品种审定委员会审定，审定编号：黑审稻1999001；2001年通过吉林省农作物品种审定委员会审定，审定编号：吉审稻2001006。

形态特征和生物学特性：属粳型常规中熟早稻，基本营养生长期短。在适宜种植区出苗至成熟生育日数143天，需 ≥ 10℃活动积温2750℃。颖壳淡黄，粒形较长，偶有淡黄色芒，抽穗集中，后熟快，活秆成熟。株高

图3-3　五优稻1号

97cm 左右，穗长 2cm 左右，每穗粒数 120 粒左右，千粒重 25g 左右。品质特性：糙米率 73.3%，整精米率 68.2%，糙米粒长 5.5mm，糙米长宽比 2.1，垩白大小 12.0%，垩白粒率 2.8%，垩白度 0.3%，碱消值 6.8 级，胶稠度 61.3mm，直链淀粉含量 17.2%，蛋白质含量 7.6%。达到国家一级优质米标准。

抗性：高抗稻瘟病。苗期耐冷性强。耐肥，抗倒伏能力强。

产量及适宜地区：1995—1996 年黑龙江省第一积温区区域试验平均产量 7663.5 千克 / 万平方米，1997—1998 年生产试验平均产量 8895.9 千克 / 万平方米。1999—2011 年黑龙江省累计种植面积 40.1 万平方米，2002 年最大种植面积 8.4 万平方米。适宜黑龙江省第一积温区上限种植。

栽培技术要点：适宜旱育稀植栽培。一般于 4 月上旬播种，5 月中旬移栽。插秧规格为 30cm×20cm，每穴栽插 3—4 苗。施用 30% 三元素复合肥，翻地前施入 100.5 千克 / 万平方米，结合耙地再施入 100 千克 / 万平方米。插秧 7—10 天后，追施硫酸铵 100 千克 / 万平方米；插秧后 19 天左右，再施硫酸铵 100 千克 / 万平方米；第三次追肥于 7 月 15 日左右，追施硫酸钾 75 千克 / 万平方米，以促进籽粒饱满，提高糙米率。[①]

五、主栽品种稻花香 2 号相关研究

面对市场高速增长给予五常大米的机遇，五常市坚持市场引领、企业主体、政府推动、社会参与，积极推进五常大米品牌建设，形成了米企、稻农、消费者三者良性循环的可持续发展模式，打造了五常大米独有的品牌价值。为了保护好"五常大米""长粒香""稻花香"这些金字招牌，通过回顾五常地区传统水田耕作的历史与早期种植的品种，着重讨论与五常水稻闻名中外、五常稻作文化蓬勃发展密切相关的 2 个品种松 93-8 和稻花香 2 号。

---

① 参见潘国君主编《中国水稻品种志（黑龙江卷）》，中国农业出版社 2018 年版，第 107 页。

（一）五常特色水稻品种的历史与现状 —— 从松93-8到稻花香2号

黑龙江省属于大陆性季风气候，是全国有效积温最低的省份，也是世界上纬度较高的稻作区。特殊的地理位置形成了其独特的稻作生态环境。黑龙江省属于东北早熟单季稻稻作区，是一个得天独厚的优质粳稻稻米生态区。黑龙江省的水稻早熟耐冷，品质优良，种植面积大，栽培技术水平高，且发展潜力大，是全国第一粳稻大省，被称为中国的"战略粮仓"。黑龙江省五常市被誉为中国优质稻米之乡，作为"中国最好的稻米"，五常大米品质极佳，天然绿色，享誉全国，远销海外，其稻米收购价格居全国首位，稻米附加值高。因此选育、推广优良品种为五常大米提供了独特的市场机遇，深入研究松93-8到稻花香2号的发展和演变历程，将有助于育种者明确新品种的选育方向，加速完善优质新品种从培育到推广，乃至品牌开发全产业链的建设。本文通过查阅历史资料并对品种演变的相关事件亲历者进行访谈，详细介绍了五常特色优质水稻品种及其亲本的选育开发过程，浅析围绕松93-8开启的长粒香时代和稻花香2号开启的稻花香时代所建立的稻米产业对地区农业发展的巨大贡献。这一历程对于我国优质水稻的选育及开发应用具有借鉴作用，也对提高优质水稻品种的市场竞争力具有指导意义。

1. 特色水稻的生产条件

黑龙江省具有年平均气温全国最低、无霜期全国最短、夏季高温时间短、秋季气温下降快等诸多不利于水稻生长发育的气候条件，同时又具有夏季气温高、昼夜温差大、光照充足、雨热同季、日照时间长、水资源充足、土质肥沃、地势平坦、环境污染小、土壤无污染、农药用量小、水质优良、地处冻土带使大多数病虫害难以发展蔓延等优势。黑龙江省近百年的稻作历史已反复证明，这里不仅适宜水稻的生长，还尤其有利于优质水稻品种资源的培育。

五常市地处黑龙江省南端，东南临张广才岭西麓，西北接松嫩平原，东邻尚志市，西与吉林省榆树市毗邻。地势自东南向西北倾斜，中部丘陵起伏，多沟壑，西北部多平原，土质肥沃。境内山多林茂，河流纵横，资源丰富，拉林河、牤牛河、阿什河、溪浪河贯穿境内，共有大小河流 300 余条，拉林河、牤牛河两大水系发源于东南部山区，由东南流向西北。两大河流的河谷平原区地势平坦，水源丰足，盛产水稻，是五常市重点农业区。

2. 特色水稻品种的历史演变

近代迁入的朝鲜族人开启了中国东北的水稻种植，揭开了东北水田开发史的序幕。由于气候、纬度的相似性，20 世纪初，朝鲜族移民带来了日本北海道的赤毛稻种，在我国东北试种成功。民国时期，人们在东北逐步推进农田水利设施和水稻品种改良，培育出更适合东北气候和自然条件的粳稻品种，由此东北才正式开启了水稻大规模种植。到如今，五常水稻品种经历了无数次的更新换代，仍与日本品种有一定的亲缘关系。

3. 传统稻作农业生产与品种

中华人民共和国成立前后，东北传统稻作生产工具缺乏，种植方法非常原始，有的用牛犁开荒，有的用齿钩、耙子等人工耙镐刨地开荒，泡田后用牛耙地或用二齿钩、铁锹耙地，然后用手漫撒稻籽，秧苗成活率较低，当时种植的品种是从日本引进的青森 5 号。20 世纪 50 年代，分到土地的农民积极性高涨，始终以水田种植为主的朝鲜族人民带动汉族人民种植水稻，逐渐使汉族人民认识到种植水稻的经济价值，开始开荒种稻或旱改水，发展水田生产。这一阶段，水田直播技术得到提高，水稻种植技术得到改进，水田犁、点播机、除草机逐年增多，原始的漫撒播种方法到 20 世纪 50 年代逐渐减少，取而代之的是点播机规格化点播技术。随后，1954 年开始的水床育苗，1958 年开始的油纸保温育苗，使水稻生产由水田直播转为育秧移栽，加之打稻机、拖拉机等农具的使用，才共同拉开了现代机械化农业生产的序幕。

松 93-8 开启了优质、长粒香型水稻育种的新时代。现代化农业生产技术能够不断突破，离不开种植者持续的探索和国家农业科研机构的研究实践。1970 年在五常地区建立的松花江地区水稻实验站（后更名为黑龙江省农业科学院五常水稻研究所，现黑龙江省农业科学院生物技术研究所五常水稻基地，位于现民乐朝鲜族乡，当地人称其为"水稻所"）为黑龙江省的水稻事业和农业发展做出了巨大贡献。20 世纪 60 年代初，民乐乡的水稻品种以青森 5 号为主，增加了公交 10、公交 36 号等吉林省引进品种；70 年代后期主要是靠引进吉林省的水稻品种为主，所种植品种为丰产性较好的吉粳 60 号、东农 12 号、系选 14 号、先锋 1 号等品种，群众性的农研活动开展以来，为了筛选早熟、高产、抗病品种，各生产队纷纷从外地引种试种，结果造成品种多而杂的局面；80 年代后，主栽品种有秋光，下北，藤系 126、藤系 138 号，松粳 2 号，五稻 3 号，松 93-8，九花 1 号等。此时，五常、吉林的水稻品种与三江地区均为圆粒品种，亲缘关系也很近。水稻育种的政策导向以高产为主，而长粒型品种恰恰与这一目标相悖，因此在北方粳稻区的认可度还很低，在育种者和消费者的观念中水稻品种也并没有与优质挂钩。

20 世纪 90 年代初育成的松粳 3 号（以辽粳 5 号为母本、合江 20 号为父本杂交选育出的早粳常规稻，1994 年通过黑龙江省农作物品种审定委员会审定，原代号松 88-11）在五常市龙凤山地区的试验田试种时，经过分离系选，获得一个长粒型的后代品系（松 93-8），经品种测试，该品系出米率低，成熟度也不高，很难达到品种审定要求，更不能得到种植者的认可，水稻所的育种者只能将其作为长粒型资源保留。与此同时，水稻所研究员南炳元去日本进行交流访问，并与其达成了在品种选育及生产经营等方面的合作意向。之后水稻所决定与米业公司合作，引进两套日本一家稻种公司的大米加工生产设备。这种设备即使在当时的日本，也算是最先进的大米加工设备。设备包含选石机，能实现谷稻分离，极大地提高了加工后大米的品质。

20 世纪 90 年代初期，国家经济逐渐向好，人民的生活水平也逐渐提高，由此产生了对优质稻米的市场需求。经过对不同品种的加工、品鉴试验，松 93-8 这一长粒型品系由于其品相极佳、味道香美，意外地成为优质稻米的首选，并在市场的需求下得以推广种植。到了 90 年代后期，五常市民乐地区（即水稻所辐射周边区域）80% 的水田种植品种都是松 93-8。

1999 年，该品种免去审核程序通过了黑龙江省农作物品种审定委员会审定，审定名称为五优稻 1 号，并于 2001 年荣获黑龙江省重大科技效益奖。

随着松 93-8 栽培面积的逐年增加，稻瘟病也越发严重，五常地区急需能够将其替代的优质品种资源。据报道，民间育种家田永太在松 93-8 的稻田中发现了一株独具香气且品质优于松 93-8 的变异株。

经过多年的田间经验和科学实践分析，2009 年，水稻所专家认为这一株很可能是松 93-8 与黑香稻天然异交的后代。最直接的证据便是稻谷（审定名称"五优稻 4 号"，原代号"稻花香 2 号"）经过加工后的糙米会存在极少数的黑色稻粒，表明其可能具有黑稻血缘，而松 93-8 的亲本谱系里并没有黑稻品种，不可能由系选得到。针对这一时期在该地区的栽种品种分析发现，在松 93-8 大面积种植时，五常还有另一个品种在同时种植——黑香稻，血缘很可能来源于此。也正是由于这一现象，松 93-8 品种的纯度也仍然存在着一定的争议。

正是由这株天赐的变异稻谷培育出的稻花香 2 号让五常大米受到了种植户、消费者的认可。经农业部谷物及制品质量监督检验测试中心检验，稻花香 2 号整精米率 66.8%，粒长 6.6mm，胶稠度 67.0mm，食味评分 92 分。米粒青白透明，米饭柔软有光泽，米质好，散发清香气味。

2002 年，稻花香 2 号开始在五常市推广，种植面积逐年增加，目前五常地区约有 90% 以上水田均种植稻花香 2 号，在五常市的周边，包括吉林省境内，也有很大的种植面积。以其为主的五常大米品牌价值有了巨大提升，2020 年在中国品牌价值评价榜单中，五常大米以 698.6 亿元连续 4 年蝉联地标产品大米类第一名，"五常大米""稻花香"逐渐成为优质大米的代名词。

4. 五常特色水稻品种的现状与展望

如果以高产为育种目标，松 93-8 和稻花香 2 号一定会遭到淘汰，它们能够留下，偶然中存在必然。松 93-8 的繁荣和生命力，既是科学研究的价值体现，也是市场需求导向的真实反映。随着五常水稻生产加工的市场竞争力逐渐增强，高品质的大米也提高了稻谷售价，使农民可以"从土地里掘金"。接续的稻花香 2 号进一步巩固并发展了五常大米的声望。以上就是松 93-8 和稻花香 2 号品种发现和培育的过程，其演变和发展是时代、科学、市场、企业、社区共同作用的结果。

随着水稻产业不断深入发展，由于其产业链中种植、加工、消费等各主体对市场收益最大化的诉求，对品种优良的特征特性提出新的更高的要求。黑龙江省作为中国最大的粳稻生产、商品供给区，其水稻生产规模一直处于全国领先地位。五常地区优越的自然条件，加上稻花香 2 号自身的优良品质，使得该品种具有很多优势，称得上"天然、绿色"，短时间内也无法被其他品种替代。已经连续种植了 20 年的稻花香 2 号虽极有韧性，但需未雨绸缪，原种的保存和新品种的培育都迫在眉睫。

水稻品种资源为人类提供生活原料，水稻的增产和品质的提高对社会繁荣和经济稳定起着促进作用。一种优秀水稻品种的利用可以使水稻事业整体发生飞跃。因此，培育优质水稻品种，应当加大力度关注保护特色品种的已有成果，还要讲好故事，充分挖掘特色品种中的文化优势，将市场需求和农民需求有效对接，使之转化为推动农业经济发展的资本，从而形成良性互动，提高优质水稻的竞争力。

（二）农业科研机构与农民育种家的合作机制

现代农业的发展离不开农业科技水平的提高，重视农民主体和农业科研机构的共同力量，有助于解决二者割裂导致的农业低效问题。若以东北优质稻米产区五常的水稻育种实践作为调查和研究对象，考察以黑龙江农业科学院生物技术研究所为代表的农业科研机构和深入农田的五常当地农民育种家在水稻品种的培育和推广方面呈现出的合作机制，并通过调研所得的案例分析二者的合作及其成功经验，可更好地为促进二者之间的良性协同发展提供支撑。

现代化农业能够不断发展，离不开农民和种植者持续的探索以及农业科研机构的研究实践。

1. 农民育种家的努力和收获

至今，流传着的松 93-8 和稻花香 2 号的故事，主角是一个叫田永太的民间育种家。他于 1991 年任龙凤山乡农业技术推广站站长时发现一株健壮的自然变异水稻，经过穗行整理、单株繁育、提纯试种，于 1993 年培育出松 93-8。新世纪初，田永太又在大面积得稻瘟病的稻田里发现了一片没死的稻子，经过单株种植、分离、提纯，选出"稻花香 2 号"。

然而，如果稻花香 2 号是松 93-8 的系选（从变异株中系统选育而成），那么稻花香 2 号的基因里不会有黑稻血缘。水稻的异交率约为千分之一，自然生长时会有其他品种的花粉落入，水稻所专家分析，这株没死的稻子是松 93-8 在黑香稻的花粉进入后变异出的杂种，不可能是系选。同样，由于种植面积太大，稻花香 2 号（"五优稻 4 号"早粳香稻，原代号"稻花香 2 号"，2009 年通过黑龙江省农作物品种审定委员会审定）直接被认定。两个品种的故事告诉我们，民间育种家的力量和农业科研机构的互补才是促使农业发展的原动力。

在田间地头，有一些辛勤肯干、腿脚勤快又掌握农学基础知识、乐于思考钻研的农民和"种粮大户"会逐渐结合自身多年的生产实际，自学常规育种、作物栽培、植物生理、土壤肥料及病虫害防治等多门有关农业生产的专业知识。因此，在各个地方社会，都会有一些小有成就的农民育种家，他们往往拥有独到的眼光。有些农民在农闲时乐于到稻田里看水稻或其他农作物的长势，琢磨如何更好地种田，长久下来，逐渐学会收集品种材料，进而学习育种相关的专业知识，开始了选育新品种的探索过程。

相比于科研机构的育种标准"纯""齐"，农民育种家的育种选择相对随机，选择适当材料时会有一定的标准：作物长势喜人、株型饱满、形态类似等。农民育种家的成长经历与转向育种的栽培专家相似，后者对于产量的敏感性高于前者，熟练掌握一套种田的方法和技术，知道如何让作物长得更好、产量更高、食味品质更佳，根据自然条件、作物种类、品种特性以及耕作施肥和其他栽培技术水平采取合理规格的株距和行距。很多种地能手在某种程度上可以算是野生的栽培专家，完全依靠多年的种植经验摸索成长。农民育种家的栽培技术往往非常过关，但选育出一个好品种往往比较偶然，他们不像专业科研机构的育种科学家受过系统教育并有专业的理论支持。

农民育种家的经验源于长期的田间劳作，随时观察水稻的长势、状态，但就算发现新奇的材料，后续的系选和培育可能跟不上。就现在黑龙江省水稻育种的整体情况来看，育种家选育出的品种必须通过黑龙江省农作物品种审定（认定）委员会审定，因此只要培育出品种就可以参加审定（认定），农民育种家仍然有发展的土壤。然而，由于审定品种手续和程序比较复杂，农民育种家一般会与科研机构合作帮助审定自己的品种，或者直接把品种出售给科研机构。

在五常的实际调研过程中，当地几个颇有名望的朝鲜族农民育种家都是朴实且任劳任怨的农民或种粮大户，曾任农业推广站的技术人员。他们有祖传的种稻技术，在实际生产中提供了很多高产栽培经验。20世纪50年代，五常双兴乡爱路村党支部书记金钟植培育出了爱路1号，多次被东北农学院（今东北农业大学）邀请介绍水稻高产栽培技术；民乐乡李七夕、李根秀引领水稻栽培技术改革于20世纪60年代选用公交10、12、36号等中早熟品种和吉粳60号等中晚熟品种，平均亩产达300公斤；五常市农业技术推广中心高级农艺师李万春于1986年和1995年先后提出了"五常亩产产量千斤栽培育苗""五常市绿色食品水稻栽培"方案。他们都为五常市水稻产量提高和优质大米开发贡献了力量。

在国家农业科研机构成立之前，农民育种家的存在的确非常重要，五常朝鲜族农民本身具有自留种的传统，他们在田间选种相当于现在的提纯、复壮，在水稻生产技术的掌握上，一是继承传统，二是在科研机构培训时能够快速习得最新知识。田永太以及与稻花香2号有关的品种培育人代表的民间育种事业体现出农民育种家之间的竞争关系，但这是良性的竞争，助推民间本土农业对优质水稻生产转向和现代农业的进步，彰显出本土社会的内在动力，农民育种家的育种实践形成的一套成熟的民间育种机制，使农业育种工作在缺少国家科研力量时也能不断进步。

2.科研机构的付出与成果

水稻所作为科研机构，不仅从事科学研究，还以服务农民为第一要旨，育种科学家和村里的农民关系十分密切，农民如果有生产方面的问题可以随时打电话给水稻所的专家咨询，专家们为了更好地育种，亲身投入农业生产，既是科学家又是具有专业知识的农业工作者。水稻所会定期组织水稻生产培训会，为农民提供培训和交流经验的平台。在水稻所指导下的黑龙江省农业投资集团米业公司于每年春种时节，和当地的农民签订单，秋收时按定价和市场价收购农民的稻谷，水稻所科研人员会对农民的种植过程、施肥量的控制、农药的使用等进行全方位的指导，以保证水稻的高产和优质。科研机构一直和农民进行着有效的互动，在品种的试验种植期间，用农民的土地进行试种、在不同地区的各级农技推广站的试验田进行试验和测试，审定程序也要求同一品种在不同的区域试验种植后观察其稳定表现。

2022 年"中央一号文件"提出要打好种业翻身仗，对育种基础性研究以及重点育种项目给予长期稳定支持，加快实施农业生物育种重大科技项目。五常水稻所是黑龙江省最南端专门从事水稻育种和栽培技术研究的科研机构，从系统育种到杂交育种，再发展到常规与生物技术相结合的综合技术育种，实现了各时期与生产需求相适应的品种演变，育成松粳 6 号、五优稻 1 号等优良品种。栽培技术方面，从直播到插秧，从传统的旱育稀植到精确定量栽培，最终建立了与生态环境和农业发展相适应的寒地稻作体系。2016 年，水稻所培育并通过审定的优质长粒香型水稻新品种松粳 22 号经过几年的种植，用实际表现证明其与稻花香 2 号相比，具有香味较浓、外观极佳、空瘪率低、耐冷性强、抗稻瘟病、抗倒伏能力强、合理种植情况下每公顷产量高出 500 公斤左右等优点，得到消费者、米业经营者和水稻种植者的三方认可，具有能够成为稻花香 2 号的有力竞争品种和替代品种的潜质。而且松粳 22 号的生育期比稻花香 2 号早 7 天左右，适应种植的区域也比较广，在吉林省和哈尔滨市周边及北部都可大面积种植。在 2017 年黑龙江省首届优质粳稻品种品评中被评为特等优质品种，于 2018 年获首届全国优质稻（粳稻）评审金奖。

3. 二者的互动与合作

以优质米品种松 93-8 和稻花香 2 号为例，它们的优秀表现是科学、农民、市场、时代、企业、村落、社区共同作用的结果。在五常优质的天然环境下，已经连续种了 20 年的"稻花香 2 号"这个品种极有韧性，虽然不符合"高产"目标，但其出米率也不低，虽然易倒伏，但施肥量很低，营养成分很高，且因其所在地的自然条件、人文因素、技术含量都处于优势状态，五常大米称得上是"天然、有机、绿色"大米。就其品种而言，稻花香 2 号能在这么久的时间考验下保持如此高的水平实属不易，原种的保存和新品种的培育都迫在眉睫，在这一过程中，田永太代表的民间育种家和水稻所代表的专业科研机构形成了合理的互动与合作关系，二者对农业生产的推动力完成"并接"，具有积极作用。科研机构与民间力量的有效协作才是国家与地方共同推动农业进步和精品农业发展的主要力量，这是一个持续的合作过程。

回顾五常百年水稻生产发展历程，科技进步无疑发挥了至关重要的作用。新品种更新换代，新技术完善推广，水稻生产、乡村经济和社会实现了一个个新的跨越。水稻科研机构主要从事水稻育种、栽培、品种资源、病虫草害综合防治等方面的研究及优质水稻原种的生产与开发。多年的品种改良和良种繁育工作推动了水稻生产的发展，黑龙江水稻的育种目标由注重品种的熟期、耐冷性、抗病性、丰产性，向高产、优质、多抗性、广泛适应性转变。

第二节　响水稻探源

稻作起源地应具备以下三方面条件：首先，发现中国最古老的栽培稻

（或遗骸）；其次，发现与古栽培稻共存的古野生祖先稻种（或遗骸）；最后，发现驯化古栽培稻的古人类群体及生产工具。[①] 近几十年来的考古发掘证明稻作农业起源于我国长江流域。江西省万年县仙人洞与吊桶环遗址中距今 1.2 万年的稻谷植硅石是目前已知世界上最早的稻谷遗存。该地不仅具备野生稻生存、繁衍的气候与环境条件，而且具有驯化野生稻的强烈生存压力。1978 年，在与万年县相隔不远的东乡县发现的野生稻群落被认为是仙人洞与吊桶环内稻作遗存的祖型，但目前尚无法确定该品种稻谷系野生物种还是人工栽培。

古代文明的起源和发展与植物的驯化联系在一起，农作物的出现是人类发展史上一次伟大的革命。而人类何时何处将野生稻驯化成为栽培稻，是中外学者一直争论的话题。自 20 世纪 50 年代以后，我国考古事业蓬勃发展，各地出土的稻谷标本年代越来越早，远远超过印度及东南亚国家，特别是浙江河姆渡、江苏草鞋山、湖南彭头山等多处发现 7000 年以前的稻作遗存，"长江中下游是稻作起源中心"之说逐渐受到世界的关注。长江中游的湖北宜都城背溪、湖北枝城红花套文化遗址所发现的陶片中夹杂了大量稻壳、稻谷和稻草遗存与现代栽培稻一致。经证实，该水稻距今约 8000 年，确系人工栽培，是目前已知世界上最古老的人工栽培稻之一。在长江中下游新石器时代遗址中普遍发现稻谷遗存，说明以水稻栽培为主要特征的稻作农业在南方地区得到快速发展，并向北方传播，深刻影响了北方的农业起源与发展进程。[②]

一、卢城之稻

大连旅顺口王家村遗址、大连甘井子大嘴子遗址等新石器时代和青铜时

---

① 参见何露、闵庆文主编《江西万年稻作文化系统》，中国农业出版社 2015 年版，第 2 页。
② 参见王禹浪、谢春河、王俊铮《东北稻种的传播路线与五常大米的由来》，《黑龙江民族丛刊》2017 年第 3 期。

代遗址中发现丰富的稻谷遗存。[1]通过考古学的证据，认为大连地区是东北亚稻作农业传播的重要起点，分两条路线传播："东线沿辽东半岛黄海沿岸进入鸭绿江流域和朝鲜半岛，并自朝鲜半岛北部传播至以今延边朝鲜族自治州为中心的图们江流域，在此培植出享有盛名的渤海国'卢城之稻'，进而伴随着渤海国统治中心由东牟山（今延吉城子山山城）和中京显德府（今和龙西古城）迁移至牡丹江流域的上京龙泉府（今宁安东京城遗址），渤海国卢州无疑是东北亚稻作农业传播的重要中转站。随着渤海国都市文明和城镇化的向外扩张，稻作农业沿海浪河流域进入松嫩平原。北线沿辽东半岛千山山脉西麓近海平原进入辽河流域，翻越哈达岭、龙岗山脉等进入松嫩平原。两条线路最终在以今五常、拉林、阿城为中心的拉林河流域和阿什河流域碰撞、交汇，形成了'金源内地'发达的稻作农业……"[2]

东北地区多大河冲积平原，土壤肥沃，适合农业开发和农作物种植，《竹书纪年》和《三国志·东夷传》关于肃慎人和扶余人粮食生产的记载可以说明东北农业起源很早。历史文献中首次明确记载东北地区出现水稻种植见于《新唐书·渤海传》中记载"俗所贵者，曰太白山之菟，南海之昆布，栅城之豉，扶余之鹿，鄚颉之豕，率宾之马，显州之布，沃州之绵，龙州之绸，位城之铁，卢城之稻，湄沱湖之鲫"[3]。可见"卢城之稻"为渤海国重要产品之一。有学者认为："渤海人对东北北部地区农业最大的贡献就是水稻的引种。"[4]"卢城"即渤海国卢州。《新唐书·渤海传》记载："至是遂为海东盛国，地有五京、十五府、六十二州。以肃慎故地为上京，曰龙泉府，领龙、湖、渤三州。其南为中京，曰显德府，领卢、显、铁、汤、荣、兴六州。"[5]卢州故址大致位于今吉林省延边朝鲜族自治州和龙西古城的中京显德

[1] 参见马永超、吴文婉等《大连王家村遗址炭化植物遗存研究》，《北方文物》2015年第2期。
[2] 王禹浪、谢春河、王俊铮：《东北稻种的传播路线与五常大米的由来》，《黑龙江民族丛刊》2017年第3期。
[3] 《新唐书·渤海传》，中华书局1975年版，第6183页。
[4] 梁玉多：《渤海农作物品种考》，载《渤海史论集》，中国文史出版社2013年版。
[5] 《新唐书·渤海传》，中华书局1975年版，第6182页。

府附近，不出今延边地区图们江流域，气候湿润、地形平坦，具备种植水稻的条件。① 渤海国境内各大河冲积河谷平原地带均可种植水稻。随着渤海国北迁至牡丹江流域的上京龙泉府，"卢城之稻"可能也传播至宁安盆地，在卢州之北的今牡丹江宁安盆地及镜泊湖地区。这里是东北优质水稻响水大米的主产区。

《吉林通志》载：伊通河一带产稻最佳，粒长色白，俗名"本地鲜"。伊通河即渤海卢城故地，这一带气候温和，水系发达，便于灌溉，有利于水稻栽培，至今仍是吉林省重要的水稻产地，此地种水稻遗俗和渤海不无关系。卢城稻米，其米重如沙、亮如玉、汤如乳、溢浓香，被誉为稻米中的极品，古渤海国曾多次沿朝贡道向唐朝纳贡，供皇室享用。

通过对渤海上京龙泉府遗址及响水大米原产地的实地调查，核心地带——以其命名的响水村地处渤海上京龙泉府遗址以北，牡丹江河水在此地段隔火山岩发出声响，当地水稻因生长在火山玄武岩石板地上而出众且闻名。

王禹浪等学者认为，牡丹江流域的渤海卢州之稻随着完颜部的西迁进入阿什河、拉林河流域后传入五常地区，今天的牡丹江流域响水大米与五常大米前身很可能是渤海国时期的"卢城之稻"。② 今天五常特色水稻品种与"卢城之稻"完全无关，与移民对于东北地区的开发联系更近。③ 前文提及新中国成立后在上京龙泉府遗址发掘出的工具使我们相信，渤海国时期大面积的土地开垦和农业种植已经存在，渤海镇附近牛场遗址曾发现古渠道的痕迹④ 可推知当时水利灌溉工程的修建也许与水稻种植有关。从这个意义上说，响水大米的早期起源与"卢城之稻"存在一定关联，但并不绝对。

---

① 参见王禹浪、王俊铮《牡丹江、延边地区渤海历史遗迹考察》，《黑河学院学报》2015年第 6 期。

② 参见王禹浪、谢春河、王俊铮《东北稻种的传播路线与五常大米的由来》，《黑龙江民族丛刊》2017 年第 3 期。

③ 参见侯学然、王荣升《五常市特色水稻品种的历史与现状研究——从松 93-8 到稻花香2 号》，《中国种业》2021 年第 3 期。

④ 参见衣保中《渤海国农牧业初探》，《农业考古》1995 年第 1 期。

二、日本稻种的文化影响

稻米是日本民众的象征符号，稻米和品种本身具有很高的政治价值和文化价值，日常生活中，以稻作农业为基础的宇宙观对日本的普通民众也具有重要性，通过他们的宗教、民间故事和日常习俗表现出来。稻米对个体日本人的重要性在生命的早期就开始，在家里共餐以从唯一的容器里分配米饭的行为作为象征，被具体化为饭勺。

日本社会最基本的单位——家庭的集体自我通过日常共进米饭构建出来。作为家庭生者与死者共餐的表达，向祖先牌位敬献的食物一直是米饭；稻米和米饭是财富标志以及作为合作群体的家庭的隐喻，不会轻易送给外人；从个体农家的再播种也可以看出稻米是自我的隐喻，农民会保存一些自己的稻谷作为明年的种子，每个家庭都生产他们自家的品种，"在门里面"保存稻谷；个体家庭之外，乡村社区的成员在仪式场合也共同分享稻米和米饼；稻米也是城市人共享的食物，庆祝新年是全国范围的仪式，是神与人和人与人之间的食物共享；稻米和米制品也是用来建立和维持人际关系的食物。

知识是人类创造的产物，用以表达对于自然和社会认识的方式与工具，包括声音、符号、图案、姿势、文字等，由于认识的开放性特征，我们创造的知识是不断发展的，是经由观察、思考和不断得出的经验过程将感觉或认知系统化进而成为知识，与遗产的特征完全一致。在东北人民日常生活中，稻米和稻田是定居者应用知识的社会过程产生的知识化后果，进而凝结成文化遗产，再产生知识经济。作为知识的遗产，正如不仅仅在仪式性场合，日常生活中稻米和稻米制品扮演了关键角色，稻田象征了日本的空间和时间，象征了"我们的土地"，稻米象征主义的留存与知识化、遗产化甚至比稻作农业自身更重要。

第三节 与环境共生的农业技术体系

宁安气候、土壤和水热等自然条件，对以粮食作物为主的农业生产十分有利。到 1978 年，全县共有耕地面积 120 多万亩。粮食作物的生产以杂粮作物为主，小麦和水稻次之，杂粮以玉米、谷子为主，次为高粱等。在粮食作物中，由于水稻产量高，又是稳产作物，宁安水源充足，日照时间长、热量高等优越的自然条件，加上耕作技术不断改进和提高，种植面积逐年扩大。水田广布于牡丹江干流及蛤蟆河、马莲河、小石头河等十几条支流两岸。渤海、城东一带响水、官地和牛场，江南的柳林、明星和新安等处所产大米以产量高、品质好，著称于省内外各地。

小麦在各地区都有种植，也是重要粮食作物之一。随着优良品种的引入和耕作技术的改进，播种面积将继续扩大。大豆是重要的油料作物，由于栽培历史悠久，耕作技术高，一向以质量好、出油率高，闻名于省内外。甜菜是宁安多年种植的糖料作物，单位面积产量多，含糖率高。另外，烤烟、黄烟和黄麻等也是有名的农产品。宁安农业机械化程度较高，有各种拖拉机、插秧机、收割机、脱谷机等农业机械广泛应用。

一、独有的火山熔岩土

石质土，亦称石岗土，是发育在火山熔岩上的一种年轻的土壤。多见于晚期火山活动的火山口附近和熔岩流下泄区域以及火山熔岩台地上。这种土壤占宁安耕地总面积 3% 左右。土层一般仅 10 厘米左右，质地松散，有机质含量高（9.8%—11.5%）。自然植被主要有低矮杂草、灌丛、疏林，有相当大的一部分熔岩裸露。因地形部位和熔岩产状之异，加之着生的植被类型之不同，可分为以下两个亚类。

一是生草火山石质土亚类。生草火山石质土亚类是发育在火山口附近，熔岩产状为砾状堆积物或泄流区的翻花石，并在生草化作用下形成的。响水稻米生长的土壤即为亿万年前火山爆发时火山岩浆流淌凝固而形成的大面积玄武岩"石板地"，其经过万年风化和侵蚀，积聚成10到30厘米松软、肥沃的腐殖土，由于石板吸热、散热快，白天吸收了大量的热量，在夜晚又将吸收的热量散发出来，使石板地的地温、水温比一般的稻田地高出了2℃—3℃。同样的稻米品种，所处自然条件、地形地貌、土壤土质、灌溉水源不同，出产的米质也不一样。灌溉水源水温高使稻米口感软糯弹性高，这里的土壤水温十分有利于水稻生长，因此水稻营养吸收充分，成熟度高。

图3-4　响水村火山石质土

　　二是腐殖质火山石质土亚类。腐殖质火山石质土亚类指发育在熔岩台地上的覆以黄土沉积物的土壤，是在腐殖化的作用下形成的。这类土壤多分布于渤海镇辖区内，绝大部分已辟为水田，著名的响水稻米就产在这里。经过亿万年岩石风化和腐殖质沉积，玄武岩上的蜂窝状小细孔可以迅速保存和排出水分，在玄武岩石板地上形成厚 10—30 厘米的土壤，这层肥沃土壤在 2629 小时的充足年日照、年降水量 608 毫米、年均无霜期 130 天、世界地质公园镜泊湖水灌溉的条件下形成，不但有丰富的微量元素和有机质（有机质含量 1.5%—2.0%，pH 值为 5—7.5），而且土壤的保水、保肥性极好。响水大米在火山熔岩台地上生长，得益于优越的自然环境。

图3-5　石板地土层结构

二、优质生态稻区

渤海镇作为响水稻作文化系统的优质稻米主产区，其自然条件具有出产优质水稻的天然优势。从药肥的使用量来看，近年主要优质稻品种"稻花香2号"不像高产抗倒伏类型的水稻品种，它对氮肥很敏感，而氮素影响稻米蛋白质含量，为了防止倒伏，保证口感、品质和产量，有经验的农民在种植时都会严格控制氮肥的使用量，比起其他品种的大米，肥料的使用量本身就偏低。常规种植中除草剂的使用和其他地区、其他品种区别不大，但有机种植过程不允许使用农药，传统贡米的种植已经具有有机农业的属性，而现代响水稻米的种植也积极向有机化、绿色化发展，而渤海镇有机农田的面积近年在不断增加。

稻田生态系统水循环通过灌溉、接受降雨、径流、渗漏方式对地表和地下水资源产生影响，具有调节水源、涵养地下水的作用。水稻通过光合作用吸收二氧化碳，生产有机质和释放氧气，维持生态系统和大气平衡。同时，火山地下森林和镜泊湖水温系统都对周围的局地气候有一定调节作用。

有机稻田在生物多样性保护，减轻和降低农药、化肥等农用化学品的污染，改善土壤结构和水的渗透，增强土壤保持养分的能力方面具有显著效益，加上朝鲜族水稻种植的传统和经验，汉族人对水稻技术的掌握和科学运用，当地水稻品种的适应性，灌溉体系的完备，化肥农药的合理使用，共同维持着与环境共生的农业耕作系统。

三、种子保护与再生农业

种子保护与再生农业的关联非常紧密，再生农业中的生物多样性侧重时间和空间上的多样化安排，其理念和实践与农业生态学非常相似，体系中非常注重土壤保护改良，但对种子提及不多，因此运作良好的可持续、有韧性的种子系统的功能在于，农民可在最适宜种植的地点和时间，以负担得起的价格获得优质充足的种子，以及种子能够很好地适应当地的生产环境和气候条件，满足农民多样化的需求。对于种子来说，种子本身作为生命体，是可以再生的，其生命再生在于出芽出苗并保有活力和生命力，生态再生在于低化学品投入和对生态环境友好，以及社会性再生即农民能够留种和不断改良种子，让种子性状、产量稳定，口感、风味、文化的需求得到满足，以上可以作为种子再生的条件。

种子与农化系统的跑步机效应是由于单一和同质的作物遗传资源，配合单一化耕种，农业很容易受到病虫害的侵袭，造成对农药的严重依赖。种子在不断推广和更新时，换种频繁（因为昆虫和杂草产生抗药性，化学农药并不一直有效，所以不得不研发新的农药并加大用量，表面上加速运转），但遗产资源实际上非常狭窄，因此常规农业的转型也会变得困难。种子配合这样的不友好的农化系统造成较大的危害，不能成为有机和生态、再生农业。

作为种子行业领先国家，美国的有机种子行业也存在大量的问题：大田、饲草和覆盖作物的有机种子培育停滞不前，有机行业的加工商和消费者对有机种子缺乏要求，50英亩（1英亩 ≈ 4047平方米）以下的有机小农场使用更多的有机蔬菜种子。

中国的农业分化包含着大规模生产、高度机械化集约化的产业农业，以及小规模传统农耕、生物文化资源丰富的传统农业，适度规模、有机和生态农业、农食系统转型的新兴农业。再生农业在中国落地生根就会面临同样的问题：在不同的区域、不同的生态地理环境下，需要有不同的对应的种子系统作为支撑，关键在于是否能够为农民参与留出空间，是否能够与多元农作方法实践取长补短，创新种子资源利用与惠益分享。

除了产业化经营和种子保护，对于中小规模的农场和农户，不管规模大小，农民都应该具有参与空间，他们在第一线生产上，对于生态环境变化和气候敏感度高。把农户的需求反映出来，把农民的常识充分运用起来，参与到育种系统中，可以让农业系统变得更加有活力。虽然很多农民没有掌握种子的提纯复壮选育的知识，还需要愿意投入再生农业中的公共科研部门的支持，传统知识和现代科学技术的结合，能够保证科学的优势得到充分发挥，反馈给农民应用于耕种实践，这些有效的合作对农业文化系统来说，也是下一步的发展方向，在传统中增加有机、生态农业的元素，依托种子和农食系统转型构建可持续的农业文化系统。

第四节　传统知识与现代技术的结合

传统知识与现代技术知识的整合有助于农业文化系统的适应性管理，由于当前科学技术有效处理日益严峻的风险问题相对能力有限，越来越大的规模和复杂性也为接受替代知识来源打开了大门。农业系统的保护应该像考虑农业过程和生态过程一样考虑文化实践。

传统知识在农业文化系统的保护、管理和可持续利用方面的潜在贡献，已越来越多地得到认可和利用。东北人民总结出一套从良种培育、播种移栽、田间管理、收割贮存到精制加工等一系列传统稻米的生产技术，蕴含着深厚的文化底蕴和历史文化价值，可持续的传统农业具有别样"智慧"，对环境友好、对人类友善，同时可以产生可观的经济价值。直到现在不少稻作文化习俗和传统技术仍沿袭不衰。反观现代农业科技的快速发展伴随着过度依赖机械、过度施用化肥农药、生物品种单一化等负面效益，如何使传统与现代科学技术进行有效的结合，使作为知识的遗产放眼于历史的缅怀与未来期待中，是我们思考的方向。

一、传统知识与技术

近代朝鲜族移民不仅把水稻种植技术带入东北，还根据气候特点和土质情况对传统技术进行改良，创造出适应东北各个地区自然条件的寒地种稻技术。在东北南部一般采用比较精细的水田耕作技术，东北中部地区的技术比南部粗放一些，在东北北部的牡丹江地区则更加粗放但更具有寒地农业特色，宁安市的稻农们往往"先用犁起土，次以铁镲破碎土块，引水灌田，即用田内泥浆涂附周围畦畔，以防水之漏泄，又次用马耙荡平土面，准备下种插秧"[1]。在不利的条件下，朝鲜移民为了克服这些困难，摸索出了一系列寒地种稻技术，因地制宜引水灌溉，引进和推广国外早熟耐寒品种，早育早播延长水稻大田生长期：（1）通过浸种提前育苗，为延长水稻有效生长期，先把稻种在室内浸泡，使稻种在室内提前催芽，然后再播种到田里，这样可以使水稻早熟半个月左右。（2）适时早播，为不误农时，朝鲜移民往往不等冰雪开化就修水渠，打池埂子，翻地整地，小满前后即开始播种，到芒种时已

---

[1] 衣保中：《朝鲜移民与近代东北地区的水田技术》，《中国农史》2002年第1期。

全部播种完毕，延长水稻的生长期。（3）通过调节水位清除杂草并促进作物早熟，早期新开荒地，因地多人少，杂草茂盛，耕作粗放，易成"草荒"，为提高去除杂草效率，普遍采取调节水位的方法淹死稗草和杂草，秋后及时放水则有利于促进稻粒快速成熟。①

开荒早期，在耕种时采用比较原始的耕作方式，以水田农业为生的朝鲜族带动汉族种植水稻，使汉族认识到种植水稻的经济价值，开始开荒种稻或旱改水，发展水田生产。然而，传统稻作生产由于工具缺乏，种植方法非常原始，用牛犁开荒、翻地整地，或用齿钩、耙子等人工耙镐刨地开荒，用手漫撒稻种，浅翻不耙、不施肥，因此，秧苗成活率较低。用手制背架子运输、镰刀割草、割稻子，用连枷或脚踏打稻机脱谷。田间作业用黄牛和"洋犁"、朝鲜式铁牛车等。人工耕禾除草，引河流或山泉灌溉，亩产量小。

后来，水田直播技术提高，水田犁、点播机、除草机逐年增多，水床育苗插秧，育秧移栽，积造粪肥，以农家肥为主，外施大豆饼肥，除草以深水淹稗为主，多用人工薅地，推除草机除草增多，机械化农业生产的序幕拉开，与传统生产方式有效结合。

一粒粒洁白的稻米浓缩着人民的智慧和创造，悠久的历史，丰富的资源，勤劳的人民种植出优质贡米。响水稻对生长环境要求苛严，土壤要肥沃，水温要适中，日照要充足，播种要适时，要精耕细作，培育良种。

每年的3月要清理积雪，开始支架扣棚，加快床土化冻，提高地表温度，做好苗床，床面平整无高低，无残茬杂物。3月底开始先要找晴暖天儿晒种两三天，选种，去掉浮在表面上的空秕稻谷后，捞出沉淀在下面的饱满稻谷，然后浸种和消毒，泡种后催芽。4月初即开始育苗，温度适宜尽量早播。传统人工插秧的育苗方式是用一张大的塑料底膜儿的底上打均匀的眼儿，让根系可以和塑料膜下面的土接触上，铺1厘米左右的土，刮平了之后就可

---

① 参见衣保中《朝鲜移民与近代东北地区的水田技术》，《中国农史》2002年第1期。

以育苗。人工插秧缓苗快，因为人工插秧的播种量少，苗壮、插秧不伤根。①

4月中旬开始，要在即将插秧的自家农田上施肥，翻地整地前一次性施入基肥和底肥，做到全土层施肥，施肥一定要均匀。育苗的后期，插秧前一周就要泡田整地。首先是要翻地，然后耙地，再放适量的水，泡地后人工清理垃圾，用机械把地整平耙细，结合泡田打好池埂子，整个平整要求是池内高低不过寸，肥水不溢出后沉淀。

农民们口里言说着："不育5月苗，不插6月秧。"对适龄秧苗从移栽前3到4天开始，在不萎蔫的前提下，使秧苗处于饥渴状态，以利于移栽后发根好、返青快、分蘖早。平均气温稳定在13℃—14℃时开始适期早插。根据秧苗成活的最低临界温度，并非越早插秧越好，特别是素质差的秧苗，过早插秧更是返青艰难，不利于水稻的优质高产。人工插秧，肥力高的地块适当稀插，肥力差的地块适当密插。插秧前的田面要用手指划成沟以后，慢慢地恢复，这是最佳沉淀状态，此期为插秧适期。如果插得质量差，则会造成减产，应边插秧边检查，补苗很重要。

施肥后，还要适当施用除草剂，或者纯人工除草。水层对稻田的温度和湿度有一定调节作用，可以缓解气候条件变化对水稻的影响，夜间低温时可灌水保温。低温过后要立即放水。适当喷洒叶面肥，防治稻瘟病，促进增产增收。水层管理上，进行间歇性灌水。8月底开始排水，9月初彻底断水。9月25日开始至"来霜"前（气温达0℃以下）适时收获，进行收割、晾晒、脱粒。

响水贡米从品种的选育到传统的种植技术、施肥除草技术、加工技术以及稻米制品制作等，均涵盖了具有丰富内涵的传统耕作文化与技艺。响水稻作通过在稻田的传统种植方式，实现了农田和水文资源的可持续利用，作为当地居民持续利用的生物和文化资源，稻田与稻米的相关知识系统在该区域

---

① 水稻在苗床上非常绿，处于正常生长状态，插到地里几天之后会变黄，不能吸收水分和养分，上面叶片营养供应不足，当根系修复营养供上来后叶子重新变绿。温度高，3—5天就可以缓苗，温度低，10—15天都不一定能缓苗，温度越高缓苗越快，苗越壮缓苗越快。

的代表性和重要性不言而喻。其知识与资源利用的延续性以及当地人对可持续利用的认知和行为等体现了响水稻作地区孕育的生态智慧。

二、因地制宜的水利灌溉技术

在今黑龙江省的广阔荒野上，朝鲜移民克服重重困难，兴修了一批水利工程。今密山、虎林、抚远、同江乃至孙吴、黑河一带，至今还残存着池埂子、水渠等朝鲜移民兴建水利工程的遗迹，在木兰，朝鲜移民在木兰达河尖山子脚下建柳条坝，拦水种稻，成为著名的尖山子灌区，现仍是木兰水稻的主产区之一。由于受到各种条件的制约，移民自行兴建的水利工程完全是一种民间自发行为，因而工程大多非常简陋，柳条坝或土坝大多在小河流域，灌溉面积不大。

宁安地区的朝鲜移民在开发水田过程中，兴修了一批水利工程，农民共同开掘水渠，引河水灌溉水田。老农回忆拦河修坝的情形，每年春节后，农民割柳条，运石头，编织草帘和草包，于江水刚解冻时开始修拦河坝，在冰块漂动的河水里打桩子铺柳条，然后用石头和装上土的草包把柳条压下去形成一条简易的柳条坝，水位提高便流进已经掘好的水渠里引进稻田。但这种简易的引水工程积水量少，易被洪水冲走，只适用于小规模水田，有些工程连筑坝也不用，直接挖水渠将小河水引入田灌溉。也有一些规模较大的水利工程，例如把荒草甸子改成水田要引来大河的水，或须凿山引水，要踏查堵水坝的位置和开渠的地段地形，没有测量仪器只能一点点目测一步步丈量。大块石头全靠人力抬、钢钎撬，搬走石头渠底又渗漏就要用棉花、破布填堵，运土回填。经过多种地质构造的水渠工程，石地、涝洼地和黄土地，还要通过灌木林和草甸子，砍树、刨树根、挖草根，清除塔头墩子时施工难度更大，只能靠铁锯、铁镐和铁锹一段一段地挖，再填土。劳力不足时，就动员农民，尽量使开渠工程与农田劳作两不误。

水利是农业的命脉，东北地区水资源丰富，但由于开发较晚，所以水利灌溉事业的开发也较迟。直至水田分布开始扩展，东北丰富的水资源才得以开发。民国时期，各地纷纷设立水利机构并制定管理用水规划，使水利建设和管理都得到加强。同一时期，水利事业和日本殖民统治的需要直接联系。1930 年前，东北的水田大部分是由朝鲜族"开拓民"开垦经营的，移民村成立后，收容救济难民，成为后来营造农田计划的先驱。1937 年全面抗战爆发后，日本侵略者为缓解军需供应紧张，增产粮食，从本土向中国东北地区移民，组成"开拓团"，进行营造农田工程，对民间修整水田发放补助费予以奖励，设立水利组合、制定了"水利公会法"。当时"北满"要开垦的大多是低洼地，其大部分都是在河流沿岸，方便灌溉。到 1942 年，青冈、兰西、哈尔滨、五常、木兰等地的防洪工程先后完工，水田里播种上了水稻。[①]这一时期的农田水利建设大多是在日、朝移民直接经营的"开拓田"里进行的，由于大多是水稻田，故非有灌溉水利不可，水利灌溉设施都很先进，干流、支流上都建有电力设备，河岸上建起来的工程规模较大，而东北一般农民的水田地里并未有大型灌溉或排水设施。

据载，1925 年，东北地区修有渤海坝和渤海干线，开发水田 100 多垧，至 1944 年，水田发展到 1000 垧左右。1953 年成立渤海灌区管理站，到 1956 年，先后整修了渤海和江西坝，维修 22 公里支渠，修建田间永久性闸门工程 6 处和临时性木制闸门 6 处，修永久性排水闸门 6 处，木造渡槽 20 座，跌水工程 8 处，全灌区桥、涵洞等工程 68 个。1956 年秋，牡丹江上维修 2 座拦河坝和新修 1 座进水闸。1958 年至 1960 年重修了较大的永久性工程 2 处。1966 年秋天，重新修建了渤海坝，坝长 260 米，高 2 米，顶宽 5 米，底宽 15 米，为浆砌石永久性坝。[②]

每年 4 月底或 5 月初，响水灌区渤海分区，阿堡、江南分区红旗洞渠首向渤海、江南分区总干渠供水，每年渤海镇、江南乡灌溉供水正式开始，春

---

① 参见于春英、衣保中《近代东北农业历史的变迁（1860—1945）》，吉林大学出版社 2009 年版，第 301 页。

② 参见黑龙江省宁安县水利局编《宁安县水利志》，内部资料，1987 年。

耕灌溉早行动，未雨绸缪，确保春灌的顺利进行。响水灌区是宁安市最大的灌区，在秋季和春季对灌区的各分区所有涉渠建设提早介入，水下工程在春耕灌溉及汛期到来之前必须完工。每年春季会面临工期短、气候条件不利等诸多因素影响，响水灌区提早对水渠内杂物进行清理作业，保证水渠正常运行，并对各点运行管护的所有设施、设备做了全面维修养护。

当地相关部门采取紧急措施，开挖导流明渠紧急供水，保证了下游 2 万多亩水田泡田需求，各分区陆续开闸放水，科学调度，制订用水计划，保障渠内整体水量不减，泡田整地用水不断，满足春耕备耕农田灌溉用水需求，保障人民群众农业生产，确保水渠供水稳定，保障全年灌溉顺利进行。

三、"守旧"与创新

技术的发展是推动农业发展的重要因素，是提高农业生产和单位面积产量的有效途径。农业科技改良通过对作物生产和土地利用等各方面的技术改良，提高土地生产率和劳动生产率，包括农业耕作方法和耕作组织的改良，东北地区在农业科技方面具有极大的潜力。东北地区的有利和不利因素并存，近代农业发展之初，农耕方法为田埂种植，三年轮作，粗放经营，广种薄收，农具多为犁杖、锄头、锻刀、镐头、铁锹等原始农具，肥料多使用肥效很低的土粪，有的地区不施肥，农田水利建设落后，没有统一的排灌设施。日本曾在东北地区相继设立了大批农事试验机构，进行了各种农产资源调查和农事试验研究活动，但由于它的殖民和掠夺性质，科学技术对于东北农业的积极作用没有得到发挥。

黑龙江省牡丹江农业科学研究所水稻研究室先后育成牡丹江 1 号至 23 号水稻品种，牡花 1 号与牡黏 1、2、3 号品种等。其中牡花 1 号获全国科学大会奖，牡丹江 2 号获省科学大会奖，牡丹江 19 号被评为省优质品种，牡丹江 20 号经中国水稻研究所鉴评为科研后补助优质米品种。该所为水稻抗病育种进行了稻瘟病菌生理小种分化与品种抗病性鉴定试验研究，对水稻栽培技术，进行了水稻育苗方法、机械插秧、高产施肥与灌溉技术，水稻低温冷害发生规律及防御技术，水稻直播技术，秧本田化学药剂除草技术以及三江平原白浆土种稻释放氮素与种稻改土培肥高产技术研究等。该所水稻栽培研究的突出贡献是：于 20 世纪六七十年代试验研究、推广了水稻塑料棚湿润育秧带土移栽技术，水稻旱床育秧移栽技术及水稻旱育大秧稀植高产技术等，推动了全省水稻育苗技术的发展。进入 80 年代，该所开展了水稻抛秧技术研究，在国内率先研制成功了水稻钵苗简塑秧盘，从而大幅度地降低了秧盘成本，促进了水稻抛秧技术在生产上的应用。由于抛秧省工省力，又可早育早栽，分蘖多，产量高，有力地推动着插秧面积的扩大。这项技术成为全省继水稻早育稀植技术之后又一大创新，也随同水稻旱育稀植技术在南方稻区作为高产新技术推广应用。

不仅有科研机构的技术革新，合作社和米企都为水稻科技生产贡献力量。宁安市气象局与宁安市玄武湖大米专业合作社合作，将玄武湖农业公园作为水稻分期移栽试验基地（位于上官地村，是生产响水大米的中心区域）。基地配备农田小气候观测站，开展温度、湿度、二氧化碳、光合作用有效辐射、水温等要素观测。稻分期移栽试验选择当地主栽品种 —— 五优稻 4 号，分 4 期进行试验，主要观测水稻发育期、生长量、气象要素、气象灾害和病虫害等动态变化，进行产量因素和产量结构分析，以获取水稻不同发育期的主要气象要素指标。

一年的农活从备春耕开始按下"启动键"，随着天气转暖，农民和合作社都开始检修农机具、准备生产资料。宁安农业技术推广站和农业管理部门都在探索制定科学有效的方法，为农业生产打牢基础。目前，大农户家家都备有农业机械，合作社机具设备齐全，可供农民租赁使用，并自主配套生产资料直营租借与销售。自 2019 年起，合作社相继开展社会化托管服务，至 2022 年托管面积达到 8500 亩，飞防防控托管面积达到 10 万亩，示范带动现代农业转型升级。同时，市委市政府和渤海镇政府积极帮助企业组织农业生产，力争通过"企业主体、政府助推、反租倒包、科学管理"的运营模

图3-6　响水大米标准化栽培

式，提高稻米品质和市场竞争力。春耕生产抢前抓早，严格按照水稻春耕生产技术标准严格推进，尤其时间始终坚持 3 月 25 日前扣完育苗大棚，4 月 25 日前播种结束，5 月 25 日前插秧结束，全力做到不扣 4 月棚、不播 5 月种、不插 6 月秧。

自 2012 年起，渤海镇推广富硒技术，宁安市石岩镇民安村农民女企业家付艳丽从中国科技大学苏州研究院成功引进富硒农作物生产。为了大规模推进富硒米种植，付艳丽与周围农户签订了 15 年的种植回收合同，种植的水稻采用不喷洒农药、人工方式除草和追加富硒元素肥料等无公害方法种植、管理，秋收时以高于市场三倍的价格回收种植户的富硒米。2012 年，响水、东珠两个村种植的 1765.5 亩有机富硒水稻喜获丰收，农户亩收入超过 6000 元。①

---

① 参见杨玉花、王增伟、侯巍《宁安富硒响水大米喜获丰收　农户亩产收入超过 6000 元》，东北网，2012 年 10 月 18 日。

图3-7　机械化插秧

　　2022年，宁安市渤海镇上官地村玄武湖大米专业合作社陈雨佳获得"大国农匠"全国农民技能大赛种养能手称号，既是对农民的肯定，更是对响水大米种植品质的肯定。在以机械化收割为主流的当下，他们仍坚持用传统的方式收割水稻。因为人工收割可以有效控制水分，水稻不马上脱秆还能继续保持营养。他们守旧，为了保证大米的质量和口感，从插秧、除草到收割都是人工进行。他们也创新，使用最优质的种子，在农家肥基础上增加豆饼底肥，用无人机为稻田喷洒叶面肥，增加大米口感和品质的同时也对土壤进行了修复和改良。

　　农民们在实验田里进行不同的实验，在稻田里养鸭养鱼，还试养小龙虾，进而达到"一水多收"，效果好以后再大范围推广。他们科学种田，安装太阳能杀虫灯，气候监测仪实时监控温度、湿度，可追溯系统实现随时线上监控。自2008年渤海镇合作社兴起推动稻田规模化经营后，农民们已经实现了机械化生产，只因为市场空间不大，收米价格不高，农民们收入也上不去。在响水稻作文化系统成为中国重要农业文化遗产的契机之下，市政府高度支持新农人们回到家乡，用新思维改变先产后卖的传统：售在产先，借网络不断开拓销售渠道，网络新技术成为他们手中的"新农具"。销售的方式也是花样百出，新农人们不仅讲好文化故事、做好遗产宣传，还在全国招代理销售，私人订制"粮票"，以亩为单位让感兴趣的人认购"庄主"田，春天可以来体验插秧，秋天体验收割，直接实现了体验和参与，间接带动了当地的旅游业发展。上官地村打造玄武湖国家农业公园后，村集体注册成立了文化旅游公司，50 多名村民变身导游员和管理人员，闲暇时带游客们参观并为其讲解。新农人们也带动更多村民走上致富路。

科研机构不仅从事科学研究，还以服务农民为第一要旨，科学家和村里的农民关系十分密切，农民如果有生产方面的问题可以随时打电话给指导农业的专家咨询。农业技术推广站和水稻所等科研机构会定期组织水稻生产培训会，为农民提供培训和交流经验的平台。科研机构一直和农民进行着有效的互动，科研机构与民间力量的有效协作才是国家与地方共同推动现代农业科技进步和精品农业发展的主要力量，这是一个持续的合作过程。①

第五节　稻米的物质性和意义之反思

稻米作为日本人自我的支配性隐喻，稻米和稻田不是简单"神化"的结果，而是在文化制度包括艺术表征和其他富有意味的文化实践中来展示出日本人的日常生活如何被农业宇宙观和意识形态所浸染。② 日本以农业为主的

---

① 参见侯学然《农业科研机构与农民育种家的合作机制研究——以五常水稻育种为例》，《智慧农业导刊》2022 年第 11 期。
② 参见［美］大贯惠美子《作为自我的稻米：日本人穿越时间的身份认同》，石峰译，浙江大学出版社 2015 年版，第 95 页。

生计经济仅仅两千年，远远短于狩猎—采集经济的旧石器时代（前50000—前11000年）和绳纹时代（前11000—前250年），但这不能否定农业的重要性，在漫长时间里，"农业日本"成为支配的表征，"农业意识形态"成为独尊的思想，完整的"农业日本"社会和法律基础已完全确立。因为它为日本民族—国家的发展提供了经济基础。日本皇室制度就是建立在农业经济和农业宇宙观基础上的。当日本的国家经济已经城市化和工业化时，为保持农业认同，稻田形象仍然在塑造日本作为一个农业社会方面扮演了重要角色，"农业日本"的形象在人类学家选择从事"乡村"民族志方面起了重要作用。农业主义成功地渗透到精英和大众思想的程度可以在日本的民间文化中找到证据，代表日本的稻作农业和农业形象的渗透力在近世木版画中得到很好的阐释，反复出现的主题代表稻米和稻作农业本身，标志一年四季：灌溉的稻田、插秧歌是最熟悉的春天或初夏的征兆，这是生育和生长的时间。稻谷收获画面包括成捆的稻谷，代表秋天和收获的喜悦，但也标志着生长季节的结束。从更抽象的层次来看，农业画面、稻谷和稻作农业画面作背景意味着静止的日本，与以东京城市为代表的以道路为主的短暂的、变化的日本相对立。①

进入近现代，明治时期开始时日本仍是个农业国家，当日本进行现代化时，农业人口急剧减少，在日本城市化和工业化后，农业意识形态却被强化，不研究稻米就不能完整地理解日本文化。随着明治维新的开始，日本逐渐走上军国主义道路。"二战"期间，农业意识形态被军政府残忍地利用。白米即国产米被构建为日本人自我的纯洁性，稻米分给了侵略的士兵，以补充能量从而赢得战争，"日本的胜利会保证充裕的国产米"，"如果吃外国米就意味着日本人受到了伤害"。许多食物特别是稻米被用来为民族主义服务，帮助日本人努力建立一个民族身份。

"农业日本"在当代仍然具有生命力，全职农民成为稀少的"国宝"，农业主义相当复杂且深深扎根在文化土壤里，稻米是日本后工业社会的一个

---

① 参见［美］大贯惠美子《作为自我的稻米：日本人穿越时间的身份认同》，石峰译，浙江大学出版社2015年版，第107页。

隐喻，即使稻作农业很少有经济价值，稻米象征主义不会以全体人民都从事稻作农业和稻米作为食物在数量上占多数为先决条件。

稻米作为象征符号时，既不是静止的物体，也没有固定不变的意义。[①]以稻米表征的自我的意义经历了历史的变迁，稻米的物质性也同样如此。原初的稻米是热带和亚热带作物，完全不同于后来的稻米品种。家庭播种的传统代表了家庭层次的自我。符号的物质性也是由社会行动者构建的。从符号的视角看，"日本的稻米"并不总是同一个品种。在日本人的自我每次与不同的他者相遇时，稻米便为不同的稻米——刚从亚洲引进的稻米、对立于肉的稻米、对立于外国长粒米的日本国产短粒米、对立于外国短粒米的日本国产短粒米……稻米不是静止的物体，其物质性和意义在实践中被历史行动者构建。在所有自我与他者的相遇中，稻米与稻田的多义性作为审视自我以及身份转为集体自我时的载体，经历了历史的转换。

反观响水稻米的符号性及响水稻作文化系统的物质性及意义，在时代的洪流中不断生发出新的价值和生命力，响水稻米之印记经历渤海沧桑、宁古塔流变、移民迁入、革命星火、现代繁荣，稻种的知识系统从野生种、农家种、引进种过渡到培育种，在每一历史时期发挥着不同的作用，但都是我们生活和社会繁荣的证据，它可以通过农产品的生产表现出来，也可以通过文化遗产的形态存续，还可以通过知识和文化系统，外化于形（或行）内化于心。

农民凭借自己的知识和经验，帮助生态实现恢复，借助地方性智慧和技能找到生态恢复的便捷途径，避免了烦琐的技术操作，增加资源的可用性，对于害虫防治、土壤生态的维护、灌溉水源的充分利用尤为重要。对秸秆的定期、科学燃烧可以防止过多的燃料积累，还会产生利于幼苗生长和抑制滋生疾病和昆虫的条件。火山矿质土壤可以增加种子发芽率和植物的营养繁殖，最终生物物种多样性的增加、生态系统的恢复可以在维持生计生产的过

---

① 参见［美］大贯惠美子《作为自我的稻米：日本人穿越时间的身份认同》，石峰译，浙江大学出版社 2015 年版，第 154 页。

程中同时进行，传统知识可以在合理性选择方面发挥重要作用。

在多少代本地人和生态系统的互动中积累的知识可以为农业文化系统的保护做出宝贵贡献，现代技术知识和传统知识的有效协调和处于平等地位的相互补充起决定性作用。过度依赖现代技术知识会将其他形式的知识置于次要地位，进而导致负面效应，因此将知识纳入遗产视野，将遗产当作一种知识将是遗产研究的新思想基础。

第四章

文化系统中的『主体』

农业文化遗产地的承载社区会发生变化和发展，以响水稻作文化遗产为例，土地在资本的干预下形成规模经营，农民和合作社转变了传统生产方式，拓展了市场渠道，村落妇女除了日常劳作，在销售方面的深刻渗透提高了其经济与社会地位，导致村民之间传统互惠关系的解体与再结合。因遗产地旅游的发展带来的新经济收入，可能会引发外来群体如游客与村民、村落间的紧张关系以及农民之间的紧张关系等，遗产地社区传统互惠机制与公平体系被打破，旅游发展和资源分配不均带来村落内部及其与外部社会关系上的一系列张力，形成了遗产地社区乡村社会转型的难题。[1]

在农业文化遗产保护与发展过程中，乡村人口与社会都是在地的"主体"，也是遗产地社区平衡的核心问题之一。农业文化遗产地的形成离不开当地居民的定居和开发，转型过程中无论是旅游发展还是技术转型，人的定居与迁移都是需要考虑的问题。人的变动——迁入及迁出、农忙或农闲、种地或打工，都让遗产所在地在年度周期中形成两种不同的社会形态。《文化和自然遗产：批判性思路》指出，物质性不仅指文化和自然遗产中物质性的一面，也指人与自然、生物等非人因素呈现在物质性中的互动和交往，遗产便是这一交往和互动的产物。[2] 关联性不仅指不同利益主体在遗产中的连接，也指人与非人因素在遗产中的关联。这一关联形成一种对话，直接呼应遗产管理和处置的民主性过程，在这一民主性过程中，不仅要容纳不同的利益主体，相互做出协商和妥协，也要在人和非人因素之间形成一种妥协：一种

---

[1] 参见卢成仁《农业文化遗产研究的五个层面及其方法论问题：社会科学的视角》，《中国农业大学学报（社会科学版）》2022 年第 3 期。

[2] 参见［澳］罗德尼·哈里森《文化和自然遗产：批判性思路》，范佳翎等译，上海古籍出版社 2021 年版，第 15—47 页。

相互看见、相互理解和相互整合。① 近代以来，宁安稻作农业的发展离不开朝鲜族人民的辛勤耕耘，社会的进步离不开当地汉族和满族等同胞的共同努力，整个乡村农业和生活体系的运作和社会转型过程，是不同主体在遗产中的关联性相互作用而成，要在农业劳动、产品生产、经营管理和市场交换中的多元主体共同参与的实践中有效嵌入农业文化遗产的核心价值。

党的十九大提出乡村振兴战略，2022 年"中央一号文件"提出：从容应对百年变局和世纪疫情，推动经济社会平稳健康发展，必须着眼国家重大战略需要，稳住农业基本盘、做好"三农"工作，接续全面推进乡村振兴，确保农业稳产增产、农民稳步增收、农村稳定安宁。落实乡村振兴为农民而兴、乡村建设为农民而建的要求，坚持自下而上、村民自治、农民参与，进而推进乡村建设。

党的二十大提出，全面推进乡村振兴，坚持农业农村优先发展，巩固拓展脱贫攻坚成果，加快建设农业强国，扎实推动乡村产业、人才、文化、生态、组织振兴。全方位夯实粮食安全根基，牢牢守住十八亿亩耕地红线，确保中国人的饭碗牢牢端在自己手中。农民是乡村振兴的主体，其主体性关系到整个乡村振兴战略的实施。贺雪峰提出发挥农民主体性是实行乡村振兴战略的基本前提，因此要重建新型集体经济，再造村社集体。② 陈学兵提出应多维度促进农民发挥主体性，重振乡村经济活力、重构乡村合作动力、重塑乡村文化魅力，以此三个角度激发农民主体性。③ 学者对农业文化遗产的研究中，除上文对于本体论和作为资源，以及相关理论实践的讨论外，对农民主体性和社区能动性的研究有何思源等指出农户对农业文化遗产的文化自觉性和保护意愿不足，农户没有充分得到遗产地提供的生计带动，因此主体作

---

① 参见［澳］罗德尼·哈里森《文化和自然遗产：批判性思路》，范佳翎等译，上海古籍出版社 2021 年版，第 246—274 页。
② 参见贺雪峰《农民组织化与再造村社集体》，《开放时代》2019 年第 3 期。
③ 参见陈学兵《乡村振兴背景下农民主体性的重构》，《湖北民族大学学报（哲学社会科学版）》2020 年第 1 期。

用发挥不足。① 也有学者基于地方认同理论，呼吁采取积极措施转变遗产地居民的认知态度，影响其行为选择，以保护农业文化遗产。② 实践中农民如何有效发挥主体性，我们要基于案例经验进行分析，本章梳理宁安响水稻作区中农民主体的来源和特点，结合其移民历史和定居的环境，分析其农业文化遗产作为文化系统中的"主体"生成和主体实践，以文化遗产为切入点分析多重主体及之间的关系，在保护利用中同时实现农业文化遗产资源的收益回报。

第一节　朝鲜族移民的风俗

清末以来，朝鲜移民大批迁入我国东北地区，在东北各地试种水稻，积极探索实用的水田技术，形成了以引水灌溉，引进和推广国外早熟耐寒品种为主要特征的高纬度地带开发水田和种植水稻的技术，而且在东北地区开发水田的实践中积累了丰富的寒地水稻种植经验，是当时引进和推广国外优良稻种的主力军。③

一、移民宁安及水田农业的建立

据《同文汇考》（卷五十五）载，康熙五十三年（1714），"图们江对岸中山城士民男女五十五人"越境潜耕而被宁古塔将军麾下之兵丁逮捕驱逐。

---

① 参见何思源、李禾尧、闵庆文《农户视角下的重要农业文化遗产价值与保护主体》，《资源科学》2020 年第 5 期。
② 参见任洪昌、林贤彪、王纯等《地方认同视角下居民对农业文化遗产认知及保护态度——以福州茉莉花与茶文化系统为例》，《生态学报》2015 年第 20 期。
③ 参见衣保中《近代朝鲜移民与东北地区水田开发史研究》，博士学位论文，南京农业大学，2002 年。

道光二十五年（1845）后，中朝两国边境松弛，朝鲜边民大批迁入中国定居。光绪五年（1879），宁古塔督办吴大澂在宁古塔境内的南岗（今延吉）试行招垦，次年在珲春设立招垦局。光绪七年（1881）奏准。朝鲜难民到宁古塔境内的南岗、珲春地方垦荒定居，大批朝鲜垦民纷纷迁至今延吉地区。宁古塔衙门为了安抚朝鲜边民戍边屯垦，发布《珲春宁古塔招垦章程》，建立 39 个垦荒社，鼓励与管理垦荒事宜。光绪十五年（1889），随着封禁制度的废除，朝鲜垦民大批迁入宁安、东宁、海林、穆陵等地建立朝鲜垦民村，俗称"高丽营"。清政府将迁入的朝鲜族移民编为满洲旗籍，但必须"剃发易服"才能入籍，授田以耕。

清朝末年，我国东北面临沙俄和日本的侵略，边疆危机频发，这时，正赶上朝鲜国内连年灾荒，赋税繁重，民不聊生。[①] 清政府通过"安置流民""移民实边"等逐渐放松对鸭绿江和图们江北岸的封禁，开始默认乃至允许朝鲜垦荒农民过江垦殖和居住。据衣保中先生的研究，东北北部地区（主要指今黑龙江省）的朝鲜移民主要经由三条路线迁入：一是越过图们江进入"延珲"地区，再向北沿瑚布图河、大绥芬河、大肚川河迁入东宁、宁安、海林等县；二是越过鸭绿江进入东边道地区，然后经由通化、吉林地区，进入今黑龙江省的五常、阿城、哈尔滨等地；三是移居俄国远东地区的朝鲜人，因受中国放荒招垦和建路开矿等项政策的影响，越过中俄边界，进入东北北部及东部的边疆地区。中东铁路建成后，更有大批俄境朝鲜移民经由中东铁路散布于东北北部各地。1910 年 8 月"韩日合并"后，又有大批因反抗日本而遭受迫害的朝鲜人士和农民经过延边等地迁入宁安、海林、宝清、饶河等地。到 20 世纪 20 年代末，朝鲜移民已分布东北各地，人口总数超过 60 万人，成为开发东北的重要力量，他们善于耕种水田，凭借水田耕作经验，沿着松花江、牡丹江和辉发河等地开发水田，并大胆地在一些稍具水利条件的地方草甸地、苇塘地和涝洼地上开发出大片水田。[②] 无论是中国

---

① 参见王魁喜等《近代东北史》，黑龙江人民出版社 1984 年版。
② 参见衣保中《朝鲜移民与近代东北地区的水田技术》，《中国农史》2002 年第 1 期。

人还是"日本开拓团",大多雇用朝鲜移民为之耕作,利用朝鲜水田技术和朝鲜水稻品种。从事水田经营的中国地主和日本农业资本家、中国地方官府和"满铁"也积极引进、试验推广优良稻种,尤其是大量引进和推广比较适宜东北气候特点的日本北方稻种。

据民国十三年(1924)《宁安县志》:"宁古塔高丽人编入旗者有金、韩、李、朴等四十三姓",又据《宁古塔帮入史》记载,清代宁古塔城乡有朝鲜人1200—1400人。这批高丽旗人大部分已成为满人,少部分成为汉人。

1923年,李大成等十几户朝鲜族农民移居东京城于家屯,开出水田150亩。同年,宁安县共播种水稻2573垧,其中有2002垧分布在海林附近。1925年,姜龙八等一批朝鲜族农民从延边迁入宁安县江西乡莲花泡子一带开垦水田。1930年,宁安县水田增至3227垧。①

1930年5月末,宁安县的朝鲜人有3088人。到1933年,宁安县朝鲜人有970户5820人,耕种水田5480垧。1934年,宁安县朝鲜人增至2422户12767人。② 可见,宁安居住的朝鲜族大都是20世纪初先后移入的。朝鲜族人民移居宁安之后,战胜恶劣的自然条件,用自己的双手,兴修水利,开发水田。

二、民族特色

朝鲜族人民在长期的生产和社会实践中形成了自己的道德观念、宗教信仰和风俗习惯,他们俭朴整洁,尊老爱幼,互助好客。

朝鲜族饮食可分家常便饭和特制饮食。便饭包括饭、汤、菜等,饭以大米为主,汤是日常饮食中必备的,种类繁多。日常生活中常喝大酱汤,其主要原料有大酱、白菜、萝卜、海菜、豆油,有时亦用各种肉和明太鱼等熬成。伏天喝凉汤(早餐一般不喝),凉汤以黄瓜丝、葱花、蒜冲凉水加上酱

① 参见衣保中《东北农业近代化研究》,吉林文史出版社1990年版,第67页。
② 参见宁安县志编纂委员会《宁安县志》,黑龙江人民出版社1989年版,第680页。

油或大酱、醋、芝麻而成。朝鲜族喜欢吃辣椒酱，用糯米加上辣椒面、大酱粉、蜂蜜或糖稀（白糖也可）、芝麻、香油等各种调料制成。

泡菜是朝鲜族饮食中具有民族特色的冬季必备的副食品。腌的方法依各地习惯有所不同。以辣白菜为例。一般腌法，先选出包心较好的秋白菜，去掉外层菜帮，洗净后放进淡盐水缸里，泡几天，然后用清水洗净，再把菜叶一片片地掰开，涂匀调料。这些调味料由食盐、捣碎的蒜、生姜丝、辣椒面、味素、香料等综合制成。有条件的还可以放进新鲜海味，如明太鱼、黄花鱼等不易带腥味的鱼类，也可以放入熟牛肉、梨、菜果片等腌渍在缸里，密封约半个月就可以食用。此外，还有萝卜、芥菜、英菜为主要原料的泡菜，其调料和腌辣白菜的调料相同。

特色食品有糕饼、糖果、冷面等。糕有用米和面做的两种。用米做的糕是把蒸熟的糯米或小黄米放在木槽子或石槽子里，用硬木制成的打糕槌捶打而成（现在可以用机器加工），用面做的有"发糕""蒸糕""松饼"等。冷面，以适当比例把荞麦粉、面粉、粉面子等掺和制成面条，用牛肉或鸡肉熬汤，熬汤时放入适当比例的甘草、胡椒、花椒、生姜等调味料，待汤冷却后淋油食用。吃冷面时，要先放入冷面，再放冷面汤，然后放点香油、辣椒面、味素、酱油、醋等。如果再放牛肉片、鸡蛋或鸡蛋丝、苹果片、梨片，则更味美可口。另外，朝鲜族善饮酒，除白酒外，有民间酿制的米酒（土酒）、清酒、浊酒，浊酒"麻可利"（朝鲜语音译）是至今在宁安市农村中一直饮用的酒。

朝鲜族炊事用具和饮食器皿有独特之处。饭锅底宽，锅盖是铁制的，中心有圆柱小把手，一般一灶两锅，一个锅做饭，一个锅做汤或菜，也有一灶三四锅的，灶膛口比较低，烧一个灶口，几个锅都热。饭桌有长方形和圆形两种，单人桌专供老年人用，以示对长者的尊重。朝鲜族习惯坐炕就餐，所以饭桌多是矮腿的。吃饭主要用匙子，筷子仅在夹菜时使用。

新中国成立前，朝鲜族人民房屋建筑大都以木搭架，用稻草、谷草和瓦片覆盖。墙壁多泥沙混合墙，然后刷白灰。过去多采用两面坡屋顶，现在四斜面多是新中国成立后盖的。近年，砖瓦结构的住房日益增多。每栋房子一般分老少寝室、客室、厨房、仓库等，屋内大面积是炕，屋地很小，进屋则脱鞋上炕。炕盘得也很有技巧，整个炕都热。多用拉门区分若干个寝室。也有很多家庭在建筑上吸收了满族、汉族居室的特色，更加合理方便。如今，和汉族人一样，朝鲜族人民早就盖起了砖房。

传统婚俗中，朝鲜族一直靠父母之命、媒妁之言定亲，讲究门当户对。但朝鲜族一直都严格遵守一个规矩，即同宗、表亲不得通婚。选定婚日后，男方准备礼妆，女方准备嫁妆。礼妆也叫"纳采"，是男方为女方准备的礼物。过去为新娘准备的礼妆一般是象征幸福、多男、长寿的米粒、棉籽、假发、玩具和妆刀等。现在为新娘准备衣料、衣服、毛毯、化妆品和现金等。嫁妆是女方为男方准备的礼物和婚后生活用品，还有赠送公婆和男方近亲的见面礼品。

传统的婚礼仪式有新郎婚礼和新娘婚礼。新郎穿礼袍（道袍），骑马去迎亲，在新娘家举行新郎婚礼。首先，陪新郎去的近亲代表新郎给新娘赠送礼妆，新娘不直接接受，由女方家的大儿媳代表新娘用裙子恭敬接受，然后拿到新娘寝室，给岳母及近亲鉴赏（这种礼妆新娘出嫁时带到新郎家自用）。赠送礼妆后，依次进行奠雁礼、交拜礼、合房礼、席宴礼。奠雁礼指新郎迎亲时带去一只木制的彩色模雁，放到新娘家客室门外一张小桌上，把模雁往前轻轻推三次，之后行跪拜礼。雁是双双高飞、至死不离的鸟类，奠雁象征新郎新娘像雁一样永远相亲相爱，守贞节，不分离。交拜礼指新郎、新娘相互跪拜，然后交换酒杯，互相敬酒。合房礼指新郎进到新娘的房间，同新娘见面，互问家安。席宴礼就是新郎接受婚席，席上摆满糕饼、糖果和鸡、鱼、肉、蛋等，由男傧相和村内青年相陪。席宴将要结束时，给新郎上饭上汤，在大米饭碗底要放三个去皮的鸡蛋。新郎用饭时要吃鸡蛋，但不全吃，留一两个，等新郎退席后，由新娘吃新郎留下的鸡蛋。新娘上轿离家前，要向父母及长辈叩首告别。新娘穿新婚礼服、戴礼帽（像汉族的花帽），坐轿到新郎家后，举行新娘婚礼。新娘婚礼备有婚席，由女傧相陪同，新娘在婚席前正襟跪坐。

新娘婚席比新郎婚席要丰盛。在桌上一定要摆上一只煮熟的昂首挺胸的公鸡，嘴里叼着个大红辣椒以示吉祥。新娘婚席摆好后，先请陪新娘前来的女方近亲过目。婚礼当晚，近亲和村里的男女青年为新娘新郎开娱乐晚会，歌舞到深夜。婚后第二天早晨，举行舅姑礼，新娘备好礼品叩见公婆及近亲。叩见时，从公婆起依次敬酒，行跪拜礼，并赠送礼品。平辈之间一般握手或相互敬礼。第三天归家（回娘家），现在一般在第二天举行舅姑礼后就归家。归家时带去新娘席上撤下来的各种食品让父母鉴赏，以示新娘受到优待。同时，新郎新娘向女方父母行跪拜礼。

朝鲜族还有结婚 60 周年举行"旧婚礼"的独特风俗。旧婚礼只有夫妇健在、所生子女无一人死亡，而且有孙子、孙女才能举行。据老人讲，能举行旧婚礼的人并不多。朝鲜族非常重视老人六十花甲、七十晋甲和小孩过周岁生日。六十花甲由子女为老人摆上"花甲宴席"。老两口穿上新衣服，坐在宴席中间，同岁老人作陪。祝寿开始，从长子夫妇、长孙起，依次敬酒跪拜。这一天全村老人都来祝福。朝鲜族还重视小孩过周岁生日，在饭桌上摆打糕、铅笔、松子、剪子和一些玩具，让小孩抓取。如果小孩先抓文具，就说这孩子将来会念好书，孩子抓取剪子就说这孩子会干好针线活，所以，往往把文具、剪子类摆在小孩易抓起的地方。

朝鲜族很讲究礼貌礼节。晚辈对长辈必须用敬语，平辈之间初次见面也用敬语。在屋内初次见面双膝跪席，双臂直按地稍俯上身，恭敬地通报自己的住所及姓名，然后说些"多多关照"等客气话。在村中与长者同路时，年轻者必须走在长者的后面，如有急事，要向长者说明理由，然后超前。在路上遇上认识的长者，恭顺地问安让路。朝鲜族过去无敲门的习惯，客人走进院子先干咳一声，等主人闻声出来才可以对话。就餐时，一日三餐盛饭，盛汤、菜，要先盛老人的，并给老人摆单人桌，由儿媳恭顺地站到老人面前，等老人举匙，全家才能就餐。就餐时要用筷子夹菜，匙要放在汤碗里，若筷子放在桌上，就表示已吃完。客人吃饭时不吃光，留一点，表示对招待满意。晚辈不能在长辈面前饮酒、吸烟。在家宴中，年轻人与老年人同席无法回避时，年轻人举杯背席而饮。

朝鲜族是能歌善舞的民族。每逢节假日和家族中的喜庆活动，近亲朋友相聚一起，一敲长鼓，不分男女老少都下场跳舞。朝鲜族的体育活动非常丰富。传统的体育项目有摔跤、秋千、跳板、足球、排球等。每到节假日或农闲季节，经常组织野游活动。

中华人民共和国成立后，在朝鲜族聚居村，还普遍成立了一种老年协会组织，叫老年读报组，由村里集体拨给一两间大房子，拨给一定数量的土地，由老年人自己种植，经济收入作为老年活动经费。全村男女老人按计划到老年协会学习时事、政治，参加娱乐、游艺活动。老年协会组织还对全村的各项政治、经济活动给予监督，如果村干部做错什么事情，老年协会组织要给予批评指正。对于本村不守法、家庭不和、不务正业者，也要进行批评教育。有时这种调解比领导做思想工作还具有权威性。

第二节　满族的民俗及演变

宁安具有浓厚的地方特色和民风土俗，满、回、赫哲等族的仪式、习俗都独具特色，似一幅幅浓墨重彩的风俗画，边塞风光之壮景使人惊心动魄。宁古塔的土生土长满族人世代以渔猎、游牧业为生，当地的农业水平并不高，定居者少，来自中原和江南的流人们来到这里以后，在一定程度上改变了萧条状况。

宁古塔地域是满族发祥地之一，民俗文化是文化知识的总汇，也是凝聚一个民族的感情和行动的文化核心点。宁古塔满族，经历了肃慎、挹娄、勿吉、靺鞨、女真，直到11世纪三四十年代，形成了东北民族大家庭中的新成员满族，也是中华民族的重要成员。满族文化和知识大量存在于人的观念及生活生产活动中，是世代延续的传统习俗，具有刚健、质朴的风貌。满族文化除有对先人民俗文化的继承之外，还有对其他民族，主要是汉族、蒙古族文化的吸收与融合。

宁古塔境内群山矗立，江河成网，居住在这里的满族称"窝集部"，即森林中的人。肃慎先民创造楛矢石砮文化，是渔猎民族的典型代表。满族的近缘女真人尤其精于射猎。满族崛起入主中原后，仍长期保持骑射、狩猎的生活方式。

宁古塔早期先民的狩猎是四季出围。春夏之间打猎早出晚归，捕些零星野牲。秋天打"江围"捕鹿取茸。打山鸡围，叫"打小围"。入冬后，将军调令八旗军以佐领（牛录）为单位，拉开人网，按指定方向前进，全面呈包围之势，发现野牲，没有命令不准擅射，直至把野兽围至集中处，一声令下，万箭齐发，一举捕获。清初宁古塔满族聚居的村屯是氏族部落，族长被称为"穆昆达"，是生产的组织者。每年农历十月祭祀祖先的第二天，由穆昆达把族中的男人编成猎队出围。进山要选择最高山峰拜山神，磕头烧香，谓之"小祭"。进山后，以为森林周围都有神在身边护佑，不准乱说乱动，一切要听从猎达（首领）的指挥。狩猎之后要选择高山祭祀"山神玛发"，把猎取来的猪和鹿的尾巴做供品，倒上酒，烧香磕头，然后出山。

宁古塔境内的镜泊湖、牡丹江等湖河江岸定居的满族氏族部落，多以渔猎为生，江河湖泊里有"三花、五罗、七十二杂鱼"，鱼是满族生活中的主要食品。早期的捕鱼方法，习惯使用围网（满语"胡里改"），也叫拉网，是老祖先传下来的捕鱼方法。倘在秋季，鱼群在江底看得清楚，渔人手持鱼叉，即可叉到很多大鱼。满族历来有晒鱼干的习惯，今镜泊湖一带渔村各家仍习惯晒很多鱼干。

清初，宁古塔满族没有大量种植蔬菜的习惯，只是种些少量的小根白菜、小葱和辣椒，常年菜食靠到山间田野去采集野菜。采集劳动多由女人承担，每年春草发芽，妇女就开始采野菜，如小根菜（野蒜）、婆婆丁、曲麻菜、车轱辘菜、芨芨菜、柳蒿菜等，山上还有枪头菜、明牙菜、"猫爪子"、蕨菜等。农历五月到山上去采青杏、高粱果（草莓）、山玫瑰花，然后用蜂蜜或糖腌渍起来，待吃糕或蒸豆包、黏饽饽时用。秋天是采集最忙的季节，男女老少成帮结伙上山采蘑菇、木耳、榛子、松子、山核桃、山梨、山枣、山葡萄、山里红、欧粒、托盘等。立秋以后多数人家到草甸子里去割羊草（小叶章）以备苦寒，割乌拉草、油色草、表货草等，除了自用，也可冬天上山伐木、砍菜墩、开炭窑。十月间采小黄芪当茶，采达子香以备祭祀之用。除此之外，还有人常年上山采药材和挖人参。清代以前满族民间使用的家具器物，如水瓢、水桶、碗、碟等多是木制品。

满族是通古斯系一支"善于养猪之民"。从他们的祖先肃慎人起，日常生活都离不开养猪。旧时，宁古塔民间祭祀的全过程是以屠猪敬神为主要活动内容。满族的饲养业多种多样，除养马、牛、驴等大牲畜外，还有鸡、鸭、鹅等禽类以及养蜂等。

顺治年间，满族农户多沿用先人的"火田法"耕种小块土地，他们在放过火的荒山坡上把火烧过的树木砍倒，在树木空间用镐头勾沟播种。庄稼苗长出以后不铲不耙秋后收粮。据《中华全国风俗志（下）》载："地贵开荒，一岁锄之犹荒，两岁则熟，三、四、五岁则腴，六、七岁则弃之而别锄矣。"① 清代文人流放宁古塔期间，满族的农业生产尚未呈现小农经济形态。顺治中期，满人开始接受汉人的犁耕方法，大面积耕田。宁古塔满人种植的粮食品种有稗子、小麦、铃铛麦、荞麦、糜子、黏谷、谷子、高粱、豌豆等，稗子为贵，富家多种。

春播过后，家家男女老少必到郊外去"耍青"，吃吃喝喝不拘形式地春游一天，姑娘媳妇打闹嬉笑，长辈看见也不会责怪。宁古塔满族每年农历十月初一以后氏族都举行"额勒农依金皆"大祭（丰收祭），一祭天神，二祭祖先，杀猪吃肉，欢欢喜喜庆祝丰收。

---

① 胡朴安编著：《中华全国风俗志（下）》，上海科学技术文献出版社 2011 年版，第 386 页。

　　宁古塔满族过去喜在沿江向阳台地上，或依山傍水的地方建立部落。住房是就地取材，用毛石建房基，土坯砌墙，房山挂"拉合辫"，多用红松木板房木、房顶为"人"字形，花牛顶架，七道檩子，或者大柁上架二柁，柁上五檩五檩，房顶苫羊草。满族大户人家喜盖五间或三间正房，一般都是中间为堂屋，即灶房带暖阁，西间叫西上屋，长辈所居，东间叫东下屋，晚辈所居。两间与堂屋之间有隔扇，叫"排叉"，能卸下来便于聚族活动。室内南北西三面火炕，西条炕墙上供"佛爷板"和"匣子"，南炕梢放大红描金柜，北炕梢放装米柜。南炕上下四扇窗户，上窗外面糊纸，下窗上玻璃。北炕单扇纸窗。院内东厢房是伙计屋子，西厢房是碾、磨房或仓房。院内以栅为墙。猪圈、鸡笼、牲口棚、柴火垛等安排得当，布局合理。

　　满族的主食有小米、白面、荞面、黏食等，尤喜黏饽饽。黏食做法：春夏做黏火勺或用椴树叶子包黏耗子、苏子叶包黏团子，秋冬做黏糕或黏团子等。黏饽饽也是满族人祭祀中的祭品。满族人喜食猪肉，白肉血肠或猪肉酸菜炖粉条是家家餐桌上的美味佳肴。冬季或年节，招待亲朋讲究"八碗菜"，即用猪肉、狍子肉、鹿肉、大豆腐、干豆腐、蘑菇、木耳、黄花菜搭配在一起，汇成八个大碗，放在锅里蒸熟，招待宾客。满族人讲究吃火锅。所用火锅由泥锅到铁锅，直到铜锡锅，逐渐精致。在山沟里，过路人到满族人家找饭吃或投宿，过路人看家中无人，可自己做饭吃，饭后只需收拾干净，物放原地，走时过路人把草放在门前，往哪个方向去，草梢就对着哪个方向，主人回来见草梢方向就知道客人的去向，民风非常淳朴。

　　男孩降生后，家人在大门上挂一把小弓箭，希望孩子长大后能成为一个好猎手，生女孩，家人挂一块红布和盖帘，象征吉祥。小孩降生后，胳膊肘、腿膝盖、脚脖三处被家人用带子捆绑起来，放进摇车，为的是长大以后胳膊平直，双腿型正。小孩被包裹身子不得翻动，把头睡成扁平头为美。母亲边悠摇车边唱着："悠悠你，巴布庶，悠悠小宝睡觉嘞，狼来嘞，虎来嘞，麻胡（魔鬼）路也来嘞，悠悠你，巴布庶，你阿玛出兵发马了，大花翎子高红顶子，挣下功劳是你们的！"

满族人抽旱烟，男人多是鹿皮烟荷包，用铜嘴、铜杆、铜锅半尺烟袋。女人好叼大烟袋，所以有句民谣："宁古塔三大怪，窗户纸糊在外，养活孩子吊起来（摇车），十七八的姑娘叼个大烟袋。"

满族人不准在索罗杆上拴马，表示对氏族神灵的尊敬。不准伤害乌鸦，因为传说乌鸦救过老罕王的命。实际上是因为满族以乌鸦和"海东青"鸟为图腾。不准吃狗肉和不戴狗皮帽子，因为传说大黄狗救过老罕王，其实是满族先民狩猎时必须养几条或几十条狗帮助主人围猎，所以满族人把狗当成朋友，养成爱狗的习惯。满人很讲究"五世同堂"，甚至几辈子也不分家，谁要闹分家就是不孝，并被众人耻笑。

宁安地区的满族村落有自己的民族风俗和特色，朝鲜族的移民使他们也接触到了稻作农业并逐渐接受稻米作为其定居的主要食物。响水稻作的兴起受到外来移民的影响，其发展又加速了宁安地区的民族融合进程，进一步促进了响水稻作文化圈的形成。

第三节　生计影响

农业文化遗产体系保护传统农业以及农作方式和农民生活方式，遗产不仅与本土居民的传统农业生产相联系，更与农民的现代生活密不可分，农民作为重要的主体是遗产最重要的组成部分。遗产地开发具有经济、社会、文化等多重影响，能帮助农民实现经济收入的增加，完成家庭的资本积累，进而带来遗产地整体的变化，而生计策略恰恰是生计资本与外部环境共同作用下的产物。①

---

① 参见［美］Martha G. Roberts、［中］杨国安《可持续发展研究方法国际进展——脆弱性分析方法与可持续生计方法比较》，《地理科学进展》2003年第1期。

　　遗产地居民可能根据遗产的开发及影响形成新的生计策略，也可能会改变或放弃传统农业生产方式，因为，经济影响如收入情况、就业机会、市场等直接关系着生活质量和生活水平，社会文化影响如文化交流、传承、冲突情况等内容直接关系到乡风文明和文化层次，环境影响如土地污染、卫生状况等直接关系到生态健康和生命安全。遗产地的开发最重要的形式之一是旅游，旅游开发对遗产地的影响非常复杂，如村落等社区型旅游地多侧重于经济和社会文化影响，自然景观型旅游地多侧重生态环境影响。①

　　从居民生计的角度揭示遗产开发对农民和乡村社区的影响，是因为生计改善可能比单纯的农业文化遗产利用产生的经济影响更为重要。农业文化遗产地开发和利用不仅是基于社区的，所依赖的主体景观也需要本土居民持续创造和维护，保障居民传统生计安全，并助推居民多样化生计改善是农业文化遗产实现动态化保护的重要因素。②遗产地居民个体是否选择继续从事农业生产属于生计策略的选择。

　　以旅游开发为例，旅游对居民生计的影响主要由资本注入决定，旅游经济收益成为居民资本积累的重要途径，旅游开发对遗产地自然资源的管理、乡村社会的发展都有积极意义，可以通过资本帮助维持传统生计，提高传统生计的收益率，如提高响水稻米的品质，售出更高的价格，反过来维持传统生产方式的高成本。虽然旅游相关就业成为居民多样化生计组成，但旅游开发必然会与自然资源的保护、劳作时间投入等相冲突，收入增加和生计资本变化会呈现彼此依赖的态势。

　　自朝鲜族移民定居宁安，宁安稻作是当地居民最基本、最重要的生计方式，以汉族、朝鲜族为主的各族人民充分利用当地的土壤和水资源条件，形成基于农业生产的独特生态系统，反映了人与自然的高度融合，离不开农民

① 参见张爱平、侯兵、马楠《农业文化遗产地社区居民旅游影响感知与态度——哈尼梯田的生计影响探讨》，《人文地理》2017年第1期。
② 参见闵庆文、孙业红、成升魁等《全球重要农业文化遗产的旅游资源特征与开发》，《经济地理》2007年第5期。

持续的耕作和维护。火山熔岩石板地是遗产地最主要的遗产元素，以镜泊湖为主的自然名胜则是当地旅游的主要吸引物，水的灌溉、农民的耕作，组成了宁安响水稻作文化系统中最基本的生计状态。当地农民在水资源、稻田维护和稻米价格方面比较重视，因为这些与农户生计的联系最直接，农业文化遗产地的旅游开发也对生计活动、生计成本产生了不小的影响。水是稻作农业的命脉，其管理与使用直接影响稻田的维护、旅游景观的呈现和稻米的产量。对于春耕阶段水资源短缺的问题，当地政府投资修建了水库，完善了灌溉设施，并支持农民打井，利用地下水解决春旱缺水的问题，在响水稻作核心区的乡村居民相对受益较多，但远离遗产地景观所在地的农民受益较少。农产品价格方面，响水稻作近年来价格上涨很快，得益于其深厚的历史文化和农业文化遗产地认证开发后此区域的发展，响水稻米已由当地政府和企业打造成主要品牌和旅游商品进行销售，在一定程度上提升了农民的生产积极性。

遗产地开发后，旅游行业的兴起以至对当地村民的工作机会增多、农民从事农业和副业的经济收入增加、稻米及相关旅游产品的经营条件改善，多数农民热情回应遗产带来的积极影响，因此愿意参与到遗产保护活动中，对遗产价值、遗产资源及需要保护等方面都表现出了高度的认知，因为农民的农业生计维持诉求与农业文化遗产保护要求具有高度一致性。

稻田作为宁安农业活动者传统的基本生产资料，其维护关系着农业生计，稻田种植等农业生计方式是响水稻作文化系统遗产地重要的生产生活性景观，是稻田景观观光、稻田文化体验的基础。由于东北地区冬季寒冷，农民在冬季农闲时也不能过多地从事非农工作，一些村民会在秋季到合作社、米厂等企业帮助灌装大米、打包邮寄，做一些简单工作，也有些农民会到附近的"雪乡旅游区"做一些旅游服务工作，但仍然谈不上全体农民都具有多样化生计的条件。由于当地的农业文化遗产关联的旅游发展有季节限制，只适合于春、夏、秋三季，那么其对农业生计保护、经济社会文化影响的作用仍然有限。目前，宁安稻作农业文化遗产地的开发及旅游发展尚未使大多数居民从中获益，但总体上看，乡村居民对于除基本农业生产以外的其他发展可能带来的前景非常期待，农业文化遗产开发也将成为促进农民生计的重要推手。

第四节　主体之间的多重关系

农业文化遗产中存在多种主体关系。

首先，最基本的关系是人与作物之间的关系。贝斯基在大吉岭茶园，看到女工在修剪茶树时"照顾茶树"的心态①，这种农业实践中人与作物之间的照顾和回馈关系令人动容。无论回报的义务是否存在，照顾的责任在生产者这一主体身上，类似于莫斯《礼物》中的互惠关系中给予、接受、回报的义务。在宁安响水稻作文化系统中，稻田、鱼、鸭在人与作物之间扮演了合作生产者的角色，人与作物之间具有平等的主体身份。

其次，影响因素之一还有人与土地之间的关系。人对待土地，土地回应人类，土地给予人作物或食物，人给予土地开发和保护，农业文化遗产地大多是人类历史活动开发出的土地空间，人应当保护土地或环境尽可能维持在一个健康的状态，土地才能保持人的存在，现代农业中出现的土地及水源、空气污染等情况，不利于长久地维持土地的优良状态，也不利于人自身的存在。农业生产要照顾好某一地区的土地状况，就要加强农业文化遗产中的传统和优良习俗的传承，尽量防止伤害，因为人类社会的代际传递中，无论是土地还是人，都对继嗣群体负有责任，这也是尽量保持土地健康状态的根源，同样，土地回馈于人及其后代也是长时段的。宁安对农田的开辟本就是

---

① 参见［美］萨拉·贝斯基《大吉岭的盛名：印度公平贸易茶种植园的劳作与公正》，黄华青译，清华大学出版社2019年版，第92页。

针对"七山一水二分田"的地理格局和火山熔岩石板田的土壤条件而进行的因地制宜的利用和创造，其基础是渤海国时期发达的农业以及近代朝鲜族移民带来的水田种植技术和水田灌溉项目建设基础。

最后，人与市场之间的关系一直是农业文化遗产资源进行商业转化的前提。如何保护农业文化遗产的生产者公平地参与利益分配，涉及生产者和市场这两类主体之间的关系。生产者输送进入市场以及市场回报给生产者的利益应该遵循交易原则，市场对包括生产者在内的农业文化遗产资源的开发过程同样需要公平和公开，保证生产者作为主体的完整性，减少社会伤害的可能，人与市场之间的关系能够真正实现农业文化遗产资源的收益回报，也是农业文化遗产中重要的一组关系系统。

知识是我们人类经验智慧的结晶，是人们通过学习、感悟以及发现、创造出的认识及产物，经过人的思维整理后的信息、意象、价值标准以及其他符号化产物和物质载体都是知识的组成部分，文化遗产中包含着科学技术知识和人文社会科学的知识、日常生产生活中的经验和知识，是人们获取、运用和创造的知识，经过实践积累和思维深化，留下了作为知识的遗产。人作为文化遗产知识系统中最重要的主体，随着对"知识"的理解和认识的深入，不断创造多种多样的知识形态，不仅是人类社会过去的经验总结，更是创造未来的强大工具。①

---

① 参见宋太庆《知识革命论》，贵州民族出版社 1996 年版，第 54 页。

第五章 农业非遗元素与资源物产

第一节　民族习俗

　　稻作之乡的稻作文化具有强烈的地方色彩和深厚的文化底蕴，响水稻作文化系统的确立有助于传承民俗文化。《乡村振兴战略规划（2018—2022年）》提出要实施非物质文化遗产传承发展工程，非遗的研究和保护关系到乡村振兴，我国农业文化遗产已经形成了一套较为完善的有策略、有方法的保护发展体系，对各地农业非遗的发展实践指导性强，农业非物质文化遗产充满生存智慧，是文化多样性和创造性的"活态"体现，丰富了当地居民的日常生活，也使中华文明熠熠生辉。农业非遗中蕴含的精神力量和文化记忆凝聚人心，激发了乡村居民的内在活力，成为乡村文化与农业的典范，其传递出的传统文化的深厚魅力为培育文明乡风、良好家风和淳朴民风贡献了基础价值理念。

　　2015 年年底，联合国教科文组织第十届常会审议并通过了《保护非物质文化遗产伦理原则》，强调确保非物质文化遗产的存续力，把社区、群体和个人置于传承非遗的核心位置。[1] 可见不同主体对于遗产存续的重要价值。牡丹江地区秉持见人见物见生活的传承保护理念，开展非物质文化遗产资源调查，建立名录和传承人体系，以实现整体保护和活态传承为目的。在黑龙江省省级非物质文化遗产代表性项目名录中，宁安市的非遗项目有传统舞蹈类：宁安秧歌、朝鲜族农乐舞、满族巴拉莽式、满族杨烈舞、满族拍水舞；传统美术类：民间纸扎、宁古塔满绣；民俗类：满族萨满家祭、杨氏家族萨满鹰神祭、朝鲜族传统服饰、宁古塔满族捕鱼习俗、朝鲜族流头节；传统体育、游艺与杂技类：满族珍珠球；民间文学类：《傅英仁满族故事》《满族萨满神话》《满族说部〈招抚宁古塔〉》；传统音乐类：满族祭祀音乐、朝鲜族洞箫；传统技艺类：宁古塔彩灯制作技艺、

---

[1]　参见《联合国教科文组织：〈保护非物质文化遗产伦理原则〉》，巴莫曲布嫫、张玲译，《民族文学研究》2016 年第 3 期。

响水水稻种植技艺等。

民族节庆是民俗文化的重要组成部分，体现一个民族特有的精神价值、思维方式和文化意识与生命力、创造力。宁安朝鲜族大力发展了当地的水田农业，又有着丰富的民俗节庆文化资源，可以进行更深入的保护与开发。与稻作文化最为相关的当数有名的朝鲜族流头节，不仅作为朝鲜古代农耕社会的一项岁时习俗，流头节活动还包含"象帽舞""刀舞""农乐舞""长鼓舞""伽倻琴""顶水舞"等多项非物质文化遗产项目，承载了朝鲜民族的音乐、舞蹈、体育、饮食、人生礼仪等丰富的文化元素。"流头"是"东流水头沐浴"的简称，意为农历六月十五这天，朝鲜人民欢聚在一起举行祭拜农神和祖先的仪式，仪式之后，在向东流的河水里洗头、沐浴，驱除不祥不洁，祈求丰收和健康。"据《高丽史节要》卷之十三（明宗光孝大王二，乙己十五年六月）记载：'有侍御史二人与宦官会广真寺，为流头饮。国俗，以是月十五日沐发于东流水，被除不祥，因会饮，号流头饮。'"[①] 高丽熙宗时期的学者金克己在《金居士集》中指出东都的风俗是六月十五日到向东流的溪水洗头除厄，饮酒玩乐，开流头宴。根据《李朝实录·成宗实录》卷六的记载（元年六月丁己）"承政院启曰：'六月十五，古称流头，有名日也。世祖朝，天使在本国时，若值名日，则或请出游江上，或就太平馆慰宴……今依古例，行之何如？'传曰可"[②]。流头节的历史起源可追溯至新罗时代或更早。[③]

流头节传统仪式构成由流头荐新、食流头面、东流水头沐浴、流头宴四部分组成。"荐新"是向祖先和神明进献最新收获物的仪式，荐新祭指关于收获季节的农耕习俗，有流头荐新、秋夕荐新、告祀荐新等。农历六月十五那天被称为流头荐新，家家户户携带制作好的流头面食和小米、黄瓜等收获物，先去家庙拜祭祖先，再去田间祭祀农神，祈求平安和丰收。这一时期

①② 张思雯：《宁安地区朝鲜族"流头节"及节日中的音乐》，硕士学位论文，哈尔滨师范大学，2014年。

③ 参见郑丽丽《朝鲜族民俗节庆文化保护与开发策略探析——以黑龙江省宁安地区流头节为例》，《黑龙江民族丛刊》2020年第4期。

图5-1　朝鲜族流头节洗头场景

既为谷物的收获季节，也是水稻的生长季节，为祈求水稻丰产，祭祀流程带有水稻生长礼仪的特征。食糯米粉或面粉蒸制的流头面为流头节的驱除杂鬼避邪的仪式。条状的为流头面条，团状的为水团和干团，水团切片蘸蜂蜜食用，干团干吃，做成小球涂上五种颜色，每三个穿成一串系在腰上或是挂在大门上以避鬼驱邪保平安。东流水头沐浴是流头节的核心仪式和命名缘起，人们到向东流的溪水里洗头、沐浴驱除不洁不祥。流头宴是最后一个程序，人们一家一户或是全村聚集在一起唱歌跳舞、饮酒游戏，农人纵论农事，文人吟诗作赋，起到团结社会的作用。已成为朝鲜族最隆重的民俗节庆活动的流头节，少不了聚餐宴饮时的歌唱舞蹈，歌曲《祝妈妈健康长寿》《阿里郎》《欢乐人生》《米酒打令》都非常有名，时而节奏流畅，时而婉转悠扬。经典舞蹈《拍板舞》《舂米舞》《农乐舞》《顶水舞》《刀舞》用潇洒活泼的舞姿展示农耕生活的艺术和气息。

朝鲜族流头节文化内涵反映了朝鲜族人民朴素的文化内涵、精神思想和信仰需求。农耕民族以农为本，农业生产的重要性是第一位的，农业遵循固定的时令节日、岁时风俗和农业仪式以祈求风调雨顺、丰产丰收为主要内容和目的。朝鲜古代先民崇拜自然，对日月山川、天地万物充满敬畏之心，太阳象征生命力和光明，随着东方即太阳升起的地方流去，其力量可以荡涤污秽，自然万物都被赋予神圣的内涵。在他们最核心的农作物稻米收获的季节，要把最先成熟的稻米供奉给祖先，举行稻米供。流头节将新收获的谷物和水果进献体现了其自然和祖先崇拜的信仰。传说龙神和沟神在流头日这天会核定庄稼收获量，所以这一天必须休息，不能去田中劳作，否则会影响收成，因为朝鲜族人民在农作间隙的流头节短暂的聚会，通过节庆狂欢消除疲劳，劳逸结合。

渤海镇江西村依据本村朝鲜族遗存，创新继承了这一传统节日，江西村是宁安市最大的朝鲜族聚居村，多年来一直自发组织流头节活动，以该村第一代组织者及传承人林氏算起，至今已经传承了十代。2005 年，江西村举办了首届朝鲜族流头文化节。2006 年，开始深入挖掘流头节的文化内涵。2007 年，"流头节"入选黑龙江省首批省级非物质文化遗产代表性项目名录，通过培养流头节传承人，振兴朝鲜族民族文化，妥善保护流头节和朝鲜族传统舞蹈、民歌、曲艺、体育及服饰等文化资源。至今，渤海镇江西村朝鲜族流头节每年都会举办，欢乐的节日氛围和丰富多彩的民俗文化活动吸引了各方来客，文化影响力、社会价值和经济价值不断提升。节日中的体育运动暨朝鲜族民族体育运动会是流头节中不可或缺的保留节目，朝鲜族人民能歌善舞、热爱运动，青壮年男性的摔跤、拔河、足球，女子的秋千、跳板、顶罐竞走等，儿童的踢毽子、跳绳，老年人的尤茨（掷柶）游戏都非常受欢迎，场面壮观的"千人流头宴"提供了各种各样的朝鲜族美食，稻米做的米饭和打糕成为宴饮的核心食物，节日中还会举行拌菜比赛、拌饭比赛，都是流头宴后重要的节日活动内容。在村、镇政府的组织与规划下，"流头节"活动由村落习俗逐渐转换为社会公共空间的新型"民俗节庆"活动，在传统节俗的基础上产生新的内涵，但传统节俗的某些文化因素也被抛弃了，民族民俗的文化内涵开始单一化，虽有地域特色，存续了现代社会伦理，但在仪式中只彰显其旅游文化的意义，增强村落凝聚力和调节人际关系的功能却逐渐减弱。

作为中华民族文化的瑰宝，满族民间文学在民族文化的历史长河中，闪烁着绚丽的光彩。宁安被省内外民间文学界认为是满族民间文学蕴藏量异常丰富的宝地。

满族神话，可谓满族文化的源头，可从流传的信仰与崇拜的神话传说中去研究满族的原始文化和英雄崇拜。满族民间艺术家傅英仁老先生搜集、整

图5-2 玄武湖非遗楼

理的《满族神话故事》①、王树本整理的《牡丹江的传说》②《手鼓的传说》③、宁安市民间文学集里的一些作品都表现了满族人对英雄的崇拜，歌颂了英雄为人类幸福不怕牺牲的大无畏精神。民间文学作品对于研究宁古塔地域民族、历史、风俗具有重要的价值。还包括很多神话故事，《佛赫妈妈和乌申阔玛发》《天宫大战》《八主治世》等都具有浓郁满族风情。

牡丹江的传说

　　魔鬼忽尔汗为要难住生活在一条大江下游的人们，便变成一棵粗壮的大榆树，牢牢压在水源上，使得江水干涸，人和牲畜没有水喝，田野树木也都枯干了。有一个叫穆丹的小伙子，要拯救人们摆脱旱灾，他历尽千辛万苦找到了天神阿不凯恩都里。天神赠送他一柄神斧，并告诉他连砍老榆树九九八十一斧，才能制服忽尔汗。不过每砍九斧，恶魔就要对穆丹降一次灾难。砍完八十一斧，树倒水流，穆丹就要永远变成一块石头。穆丹答应了，说："只要能解除亲人们的苦难，变成石头也甘心！"

　　于是穆丹手持神斧砍老榆树，砍到第九斧时，穆丹身上长满大包，他忍痛继续砍；砍到第十八斧时，忽尔汗施法术用冰雹将他全身砸青，冻得他直发抖，他忍痛继续砍；砍到第二十七斧时，他竟然看到死去多年的阿玛，劝他不要再砍，他为给一方除害，又继续砍；砍到第三十六斧时，不知从什么地方走出一个美丽的姑娘和他纠缠；砍到第四十五斧时，从树缝中蹿出四十九条蛇缠他、咬他。他就这样忍痛继续砍着、砍着。终于砍倒了老榆树。然而穆丹手擎巨斧，僵而不动，真的变成一块石头了。这块巨石就是牡丹岭上的牡丹峰，人们为了纪念穆丹，就把这条无名江叫牡丹江。

---

① 　参见傅英仁搜集整理《满族神话故事》，北方文艺出版社 1985 年版。

②③ 　参见赵志辉主编《满族文学史》（一），沈阳出版社 1989 年版。

手鼓的传说

在满族祖先居住的大山上，突然往外喷火冒烟，喷出的大火遇山山化、遇水水干，人们眼看要干饿而死，于是乞求天神阿不凯恩都里解救苦难。天神说："选个心诚志坚的人去求多伦山的多伦玛发。"达木鲁自告奋勇去找多伦玛发。他走过了许多山，蹚过许多河也没找到多伦玛发。一天，他在路上遇见一位快要饿死的老人，他把所有的干粮都给了老人。老人不道谢就走了。第二天，他又遇到这老人，老人冻得要死，达木鲁又将自己身上穿的衣服脱给他穿，老人还是不道谢就走了。第三天，他又遇到这老人，老人要认达木鲁作他的儿子，达木鲁答应了。从这以后，达木鲁侍奉老人就像对待亲阿玛一样，过河背着，上山扶着，有吃的老人先吃。老人就这样伴着达木鲁寻找多伦玛发。

有一天，老人和达木鲁看见在一个山涧边上长着一棵歪脖子梨树，树梢上结了两个熟透的大梨。老人说渴得厉害，想吃梨。可是，要摘梨的话，人非掉下山涧不可。达木鲁为了孝敬老人，豁出命也要把梨摘下来。刚刚爬上树枝，"咔嚓"一声，树枝折断了。达木鲁心想必死无疑了，可是睁眼一看，自己竟在老人怀里，手中的梨变成一条柳枝，一面手鼓。老人告诉达木鲁，他就是达木鲁要寻找的多伦玛发。多伦玛发说："种上柳枝能发神水，浇火火灭，浇烟烟消，手鼓飞出去能盖住大山，能救一方苦难。"达木鲁回到家乡，种上柳枝发出神水，地上长出青草、树木和庄稼。手鼓一敲就长，越敲越大，盖住了大火。从此人们过上安居乐业的日子。

神话中记载着满族远古先民们对柳枝、柳叶的崇拜，反映了满族的萨满教信仰，自然崇拜在满族神话中占有重要位置。歌颂为人们解除苦难而忍辱负重的伟大精神，达木鲁高尚的道德品质体现了一个民族崇高的品格。《托恩都哩》传说表现了满族先人对镜泊湖自然成因的神奇理解和对大自然崇拜的心理特征：

托恩都哩 ①

开天辟地，镜泊湖底下住着个火神（托恩都哩），他在地下住了十万八千载。有一天醒来一看，头顶石棚，四下漆黑，他想到地面上见见世面，便张开大嘴喷出一股熊熊的烈火，烧透了石棚，透进来一线阳光，他又连喷几口大火，只烧得天崩地裂，烧化了山上的"富赫"（石头），烧干了山下的"必拉"（河），从地下喷出来的岩浆石堵住了山口，从此截住了南来的各水流，淤成了镜泊湖。

宁古塔满族对神灵崇拜的故事如流传在民间的《北斗星》的传说，比较典型地表现了早期满族崇拜神灵的文化特征。人们把七颗亮星奉为北斗神星，年年祭祀，祈求"星神"永保人间吉祥。同时也反映了满族"星祭"的由来。宁古塔满族各氏族每年农历十月初一以后都要举行"额勒农依金皆"（丰收祭）大祭，一祭天神，二祭祖先。宁古塔瓜尔佳、富察、仲尔托觉罗各氏族祭天祭祖时的祭祀虽然各自不同，但其颂星的唱词大体相同。满族先民是崇拜鸟图腾的民族。对鸟的崇拜，有鹰，又名海东青，有雉，满语称"和尔期"，就是山鸡。还崇拜乌鸦和喜鹊，如故事《鹊神救生》《鹊神引来天河水》《织布格格》等。

织布格格

早先部落里住着一位老额尼亚（老妈妈），每天都有两只漂亮的白脖喜鹊飞到额尼亚的院中玩耍，额尼亚像爱护自己的女儿一样，饿了喂米，渴了给水，天天侍弄两只喜鹊。这年冬天，额尼亚的家中突然来了两个俏皮姑娘，进屋就给额尼亚磕头认干妈。从此，额尼亚有了两个像亲女儿一样的格格。每天格格在家织布，额尼亚上街去卖，本地贝勒爷知道后便强迫额尼亚带着两个格格到贝勒府去织布。娘仨到了贝勒府以后，贝勒起了坏心，晚上偷偷地去看格格织布，看见两个披着美丽翎毛的格格织彩锦，贝勒闯进去想调戏

---

① 参见中共宁安市委宣传部、宁安市文学艺术界联合会编《镜泊湖畔历史文化名城宁安》，哈尔滨地图出版社 2000 年版，第 159 页。

　　格格，扑啦，两个格格一抖搂膀子冒出一股青烟，把贝勒的双眼熏瞎了。额尼亚抬头一看，两个女儿站在天空的云彩上说："额尼亚，我们是阿不凯恩都里派下来的喜鹊，专为报答您的养育之恩。"从此，满族人学会了织布。

　　还有崇敬祖先是满族历来传统，各家有各家的祖先神，如有的氏族祭祀长白仙女，即始祖"佛库伦"神；有氏族祭祀的"小憨神"，即画在画布上努尔哈赤骑着一匹枣红马，观望追兵，天上有鹊神随护的神祇。多数家族藏有谱书及�子（以旗色而定）索罗条子、神偶等以示祖先神。在《满文老档》中，天聪九年（1635）五月初六记录着一个叫穆克什克的一段文字中把满族的族源解释为"神鹊衔朱果"①图腾神化的结果，体现满族先人早期的氏族社会形态。

　　　　我的父、祖，世代生活在由库里山边的布尔和里池，我们地方没有档案。古来传说，在布尔和里池的三个女子恩古伦、曾古伦、佛库伦来沐浴。最后的女子获得神鹊衔来的果实，含在嘴中进入咽喉就受孕了，生下布库里雍顺。

　　满族先人在原始社会的新石器时代末期发明了桦皮器，并视桦皮器为神灵。流传在宁古塔的传说有《桦皮锅》《桦皮篓》《桦皮威虎》等。在镜泊湖南莺歌岭肃慎遗址中出土过3000年前的桦皮器，东京城南平顶山附近出土的"楛矢石砮"包在桦皮筒里，桦皮器可以算是原始狩猎民族的一个生活特征，除桦皮器而外，满族先人还把许多与生活、生产相关的物品视为神灵。

　　鬼节是汉族传统节日，来源于佛教，新中国成立前在宁安十分流行。1993年第一届镜泊湖金秋节上，宁安曾组织过一次规模较大的放河灯活动，明月当空，彩灯满江，呈现出人潮涌动的壮观之景。

---

① 参见中共宁安市委宣传部、宁安市文学艺术界联合会编《镜泊湖畔历史文化名城宁安》，哈尔滨地图出版社2000年版，第161页。

七月十五放河灯，

全城百姓都出动。

西阁庙前乘船放，

三千盏灯耀江明。

灯随波浪向东流，

一江灯火满江星。

十里长江南北岸，

人山人海闹三更。

淹死鬼魂抢灯走，

去见阎王求脱生。

这首关于宁安放河灯的歌谣至今仍在流传，宁安的男女老少都很熟悉[1]，生动地记录了宁安当地放河灯的情景。

第二节　传统技艺

古城宁安人喜爱家乡的百年佳酿美酒"泼雪泉"。畅饮时，人们常用宁安"四大美"劝酒词："镜泊风光响水米，泼雪泉酒炖湖鲫。"生产"泼雪泉"的宁安北凤酒厂迄今已有百年历史。往前追溯，宁安地区酿酒历史可达千余年，据说，唐代渤海时，中原酿酒技术传入，渤海出现了酿酒业，元、明、清时酿酒更发达。《契丹志》记载了满族先祖女真族饮酒的场景："娶妻时以酒馔往，富人以金银杯酌之，贫以木。"戍边征战的将士不能离开酒，

---

[1] 整理自宁安市民访谈，访谈日期：2022 年 8 月 2 日。

文人流放到宁古塔，常常会友酌酒赋诗。民国期间，宁安酒业发展很快。20世纪20年代，宁安有酒坊12家，宁安酒厂的前身"义发源"，就是1897年建立的。北方寒冷，闯关东来的山东、河北人，尤其是少数民族同胞为驱寒暖身，尤爱烈性酒。① 中华人民共和国成立后，酿酒工艺不断提高，尤其是20世纪80年代起，制酒设备不断完善，工艺流程更科学，宁安生产出的清香型白酒"泼雪泉"被评为黑龙江省优质白酒。

泼雪泉水质可与山西省杏花村"神井"水媲美，又借鉴西凤酒的工艺生产出了北凤酒，被评为国家银奖。宁安白酒厂易名为宁安市北凤酒厂，除生产"泼雪泉"酒，还生产"北凤酒"等25种白酒。

白山黑水源远流长，宁古塔文化孕育出了独具特色的宁古塔好酒。宁安市推介的"不老源白酒"被列为首届中国乡村文化产业创新发展大会文化品牌。市级非物质文化遗产不老源白酒是宁古塔古酒的代表，传承人关丽霞的始祖系多尔衮旗下正白旗京都"佛满洲"（苏完）瓜尔佳氏，于顺治五年（1648）受朝廷调派至宁古塔衙门任职，同时带来酿酒祖方，瓜尔佳氏烧锅酿酒绵柔甘醇，长期饮用让人精力充沛、年轻体健，因此瓜尔佳烧锅被称为不老源，作为非遗历经三百年传承，宁古塔满族工艺古法秘酿，与南方白酒属不同风格，寓意不老之源。

响水水稻种植技艺指"石板稻"响水稻，种植于牡丹江上游宁安市的渤海镇，因生长在火山玄武岩石板上而得名。唐代渤海国将中原水稻种植技术引入，1646年，汉民李元清尝试在石板上种植水稻，历经几代人后在选种、育苗、栽培、田间管理等方面形成了一套独特技艺。其选用晚熟品种，生长期140天以上，以"水稻两段式"和"水稻一段超早播"育苗，大垄双行栽培。

响水村位于渤海国上京龙泉府遗址北面5公里左右的石岗上，在牡丹江的东岸，与江西村隔江相望。原与江西村是一个村，为了江东江西两岸来

---

① 参见中共宁安市委宣传部、宁安市文学艺术界联合会编《镜泊湖畔历史文化名城宁安》，哈尔滨地图出版社2000年版，第161页。

往方便，中华人民共和国成立以后在江上修了个吊桥，供行人通过。1959年，黑龙江省的国庆 10 年相关展览上，摄影家洪檀熹以江西吊桥为背景的摄影作品《夕阳归来》，画面上是朝鲜妇女顶着瓦罐，农民拉着耕牛、扛着锄，从江西吊桥上通过的情景。江西吊桥早已拆除，现在从响水通往江西村的是水泥面拱桥。这座石拱桥是 20 世纪 70 年代初修的，名曰新曙光大桥。响水村及对岸的江西村大姓有两户，满族历家是名门望族，老辈在八旗中任过统领。据说老历家的起源是：历家老祖宗弟兄二人，清朝时在八旗军中任职，上级派他弟兄二人押送犯人赴宁古塔，到宁古塔后，他弟兄二人见宁古塔山水秀丽，土地肥沃，在响水、江西村两地落户安家了。他们的后人现在散居在宁安及牡丹江各地。汉族李姓是大户，他们的祖先受李自成起义的株连，清朝政府借这因由就从皇城、官府往外清李氏家族。据记载，顺治三年（1646）清廷以所谓反清罪，将多位李姓人及其家属流放宁古塔境内落户为民。顺治十年（1653），李呈祥因向清政府上"条陈"被诬为"巧言乱政"罪，连累族人四十八家流放宁古塔，其中的李广旺、李召林等十多家几十口人就分别落户在响水村、江西村、三陵村一带，繁衍生息，人口逐渐多起来。20 世纪初开始，又陆续从延边等地迁来一些朝鲜族。响水村人以种响水大米闻名。

宁安还是黑龙江省西瓜的主要产地，生产的西瓜以个大、皮薄、瓤甜、多汁而闻名。宁安西瓜有较长的历史和熟练的生产技艺，从本地生产、本地销售发展到作为经济作物面向市场生产，在镜泊湖周边区域栽种大西瓜并在渤海镇全镇开始推广。宁安本地的西瓜协会以精通西瓜栽培技术的骨干为主体成立，是一个群众性科学栽培西瓜的组织，由技术到种植、销售和寻找市场打造一套综合的农业产业服务体系。西瓜生产给宁安人带来可观的收益。

在镜泊湖西的山中有一湾碧水，此地山清水秀，水流方向不固定，一天之中水流时而向东，时而向西，时而向南，时而向北，故被称为转心湖，转心湖水从湖底涌出来，这里繁育虹鳟的技艺闻名省内外。

虹鳟鱼在 16℃—18℃水中生长得最快，每千克饲料可使鱼增长 0.5 千克。虹鳟鱼饲养对水质要求很严，水要求清澈见底且为流动水，转心湖位于镜泊湖畔，湖水清澈，又经过地下熔岩洞里细砂过滤，穿山越石犹如清泉涌上地面形成的山间湖泊，冬暖夏凉，远离城市，无任何污染，因此水质非常适合虹鳟鱼生长。转心湖已成为我国重要的繁育虹鳟鱼基地。

第三节 地方物产

在宁安镜泊湖卧龙乡英山林区，每到金秋时节，便可以采集到价值赛过黄金的"蘑菇之王"针松茸（也叫松茸、松覃、松口蘑）。其体态肥大，肉质银白、细嫩，香味浓郁清新，营养价值和药用价值极高，松茸含蛋白质高达 40% 以上，含维生素超过绝大多数蔬菜，也高于各种肉类。

据《本草纲目》记载："松茸具有益气不饥、治风补血之功效。"科学研究发现松茸是抗癌佳品，可制成良药。蘑菇的食物纤维以尼库林纤维为最珍贵，而松茸就是大量含有这种纤维的食用菌，作为人体细胞生长的促进剂，有促进胃肠净化、降低血糖中的不饱和脂肪酸、防止动脉硬化、降低血糖、预防糖尿病的作用，是高血压、心血管病、糖尿病病人的优选食物。松茸的抗辐射能力极强，因此备受日本人的青睐和欢迎。20 世纪 90 年代，松茸进入国际市场后，价格连年上涨，在日本售价很高。松茸价值高，产地不多，是面向国际市场的抢手货。松茸采集的时间性很强，一般来说，当天采集的松茸要当天送到收购商户手里，日本商人收购到的鲜松茸要求必须在 2 小时内运至日本加工处理。

农民常披星戴月上山守候，一旦发现松茸露头，便用木竹利器铲挖，把鲜嫩的松茸采摘下来，还要把菌根留在疏松的土壤中，待以后长茸再取摘。宁安卧龙乡英山一带松茸质地极好，色泽纯正，味道鲜美，可制成美味佳肴。

宁古塔地区自古是野鹿奔跑的林场，野鹿成为主要的狩猎对象。鹿茸是我国传统名贵中药，与人参齐名，是生长在雄性梅花鹿或马鹿头上的带毛幼角，具有很高的药用价值，也是历代贡品。鹿茸的种类很多，按鹿的种类分为花鹿茸、马鹿茸，按茸形可分为花儿杠、花三叉、花再生、花初角茸，按取茸方式与加工方法可分为锯茸、砍头茸、带血茸、排血茸。医药书中均有记载鹿茸为药类上品。中医药学认为，鹿茸有壮阳、补气血、养精髓、强筋骨之功效。现代医学检测证明，鹿茸含有激素、胆碱、甾醇、蛋白质、胶质及钠、镁、钙微量元素，能增加红细胞、血色素数量，促进网状红细胞生长，促进伤口或溃疡愈合，并能够提高机体的抗疲劳能力。

鹿身有百宝。鹿肉含高蛋白，鹿脯历来是宴席珍品、皇家食用佳品。鹿尾、鹿胎、鹿鞭均为滋补强身的贵重药材。早在 20 世纪 50 年代初，宁安就开始饲养梅花鹿、马鹿。卧龙乡、马河乡、沙兰镇、镜泊乡、江东乡等均有鹿场，其中平顶山养鹿场最大。近年来，宁安的养鹿业日趋发展壮大，向国内外药材市场提供的鹿茸逐年增多。

在小北湖，聚集着世界珍禽——中华秋沙鸭，它们的体型很像家养的大公鸭，特征是红嘴、深蓝色的头颈和双翅，身体为白色，头顶部有一撮鲜艳的羽毛，所以常被误认为鸳鸯。中华秋沙鸭的喙上像鸡那样凸起，下部则像鸭那样扁平，鸭掌为半蹼，游水能力很强。中华秋沙鸭繁育的方式和生活地方也很奇特，产卵孵化的巢穴必须在伸向水面树的枝干上。出蛋壳的雏鸭先跳入水中，然后由成鸭引导雏鸭浮游在水面上喂食，才能成活。如果树下的湖水干涸露出泥沙，雏鸭落地便无法生存，就会被活活地困死。中华秋沙鸭因为繁殖生息环境稀少，所以在世界上的数量很少，是濒临灭绝的珍禽。中华秋沙鸭是候鸟，每年 3 月末飞到小北湖，经过春、夏、秋这段时间生活繁殖，在中秋节前后南飞越冬。

1998 年，专家曾在小北湖发现过 40 多只中华秋沙鸭，自 2012 年保护区晋升为国家级保护区，每年春秋候鸟迁徙季节，监测人员都在寻找中华秋沙鸭，并为其在沿湖原栖息地区域的树上搭建了招引鸟巢。在持续寻踪 7 年之后，2019 年 4 月 10 日上午，专家先后在小北湖及其东岸发现了中华秋沙鸭集群，是建区以来第一次发现中华秋沙鸭。[①] 目前，中华秋沙鸭在我国有1000 多只。

　　黑龙江省还有久负盛名的宁安大蒜。宁安蒜的特点是头大瓣齐，皮薄汁多，辣而味甘。从宁安镇的地理位置来说，不论是为了继承传统产业还是将来发展潜力强大的产业，在蔬菜种植上也下了功夫。宁安镇有悠久的蔬菜种植历史，一说起宁安镇的"东园子""西园子"，都是叫得响的蔬菜主产区，目前，已初步形成包括七个村在内的万栋棚室蔬菜产业，包括大蒜、胡萝卜、圆葱、白菜等裸地蔬菜产业，包括灯笼果、裸地西瓜、棚室香瓜等瓜果种植产业，包括玉米、水稻、大豆、马铃薯等粮食作物产业。在植物分类学上，大蒜是石蒜科，白蒜皮略厚，瓣多、头大、味淡、辛辣、甜香，可腌糖醋渍蒜，是北方食火锅或宴席佐餐佳品。红蒜（紫皮蒜）皮薄、瓣大，尤以独头蒜最受欢迎。

　　《本草纲目》中记载："胡蒜，其气熏烈，能通五脏，达诸窍，去寒湿、避邪恶，消臃肿。"这里记述的胡蒜即今日的大蒜。大蒜的辛辣味来自内含的大蒜素，这是一种杀菌力极强的植物杀菌素，1 毫克大蒜素的杀菌力相当于同数量青霉素的 150 倍，大蒜也称为"地里长的青霉素"。大蒜对大肠杆菌、痢疾杆菌、葡萄球菌、链球菌、结核杆菌等杀伤性能很高。近几年来，菜农还专门培育了独头或双瓣珍珠红蒜，专供宴席之用。食用时去掉表皮，洗净用刀上下切剥，露出白肉为宜，犹如合起来的两只扁贝，食用时用手一剥内皮即可脱落，须在 3℃—5℃保鲜。

　　清明前夕，宁安镇外停放着大大小小的农用车辆，田里都是种蒜的农民，如今实行节水自灌工程，种蒜时在田间自动喷灌，只需两三天的时间就可以栽完蒜，接着就等候 7 月中旬的收获了。

---

① 《生活报》：《时隔 21 年黑龙江小北湖自然保护区发现 40 余只中华秋沙鸭》，https://baijiahao.baidu.com/s?id=1631430423234281489&wfr=spider&for=pc，2022 年 10 月 31 日。

第四节　民间文化

在镜泊湖东南岸的一座圆顶山下，3000 年前，一个古老的民族部落在这里繁衍生息，留下了古老的文化。镜泊湖莺歌岭原始社会遗址是满族先民肃慎族的发祥地。

肃慎是我国东北地区最古老的一个民族，又称息慎、稷慎，早在公元前 2000 多年，即帝舜时期，肃慎就以朝贡"弓矢"闻名中原。关于肃慎的祖居发祥地，史学界曾存在分歧，近年来观点基本趋于一致。干志耿、孙秀仁在《黑龙江古代民族史纲》中引经据典确认：古肃慎族居住在今长白山以北，牡丹江中游及其以北的广大地区，也就是宁古塔一带。[①] 莺歌岭文化遗址，在时间上与西周时代相当，属新石器时代，其出土文物与文献记载肃慎之物质文化相吻合。莺歌岭遗址大量石器、骨器和陶器的出土，表明这里的部落居民已经从事原始农业、畜业生产兼事渔猎，并有了简单的手工业。地穴居住的发现以及附近牛场、大牡丹遗址发现的大豆、小米、大黄米等碳化物，都证明当时部落居民实过着相对稳定的原始农业的生活。石斧和石锄的出土，表明农业生产已进入锄耕和耦耕阶段。大量渔猎工具和兽骨出土，反映着渔猎经济已占较大比重。黑曜石压制的石镞和青石磨制的石镞，就是文献记载中的石砮，"楛矢石砮"成了肃慎人的特有徽记。陶猪的出土使文化象征的含义更加清晰。肃慎信仰"万物有灵"，为"善于养猪的民族"，从出土陶猪的形象看，头占全身 1/3，脊部鬃毛高耸，处于野猪到家猪之间的过渡体态。肃慎先民认为猪是有灵性的动物。张泰湘写道：

> 这些小猪被原始匠人塑造得惟妙惟肖，神态各异，有的惊跑飞奔，有的悠然徐行，有的肥胖溜圆，有的笨拙可笑。从体质上观察还可分出性别来。

[①]　参见干志耿、孙秀仁《黑龙江古代民族史纲》，黑龙江人民出版社 2015 年版，第 68—75 页。

这些陶猪不仅是珍贵的原始艺术品，更重要的是研究家畜饲养史的实物资料。猪的饲养必须有原始农业来保证，可见当时人类已经过着稳定的定居生活，一方面经营着原始的农业，同时还饲养家猪以补充人类肉食的来源。①

渤海国隶属唐朝的政权，深受中原文化影响，仿照唐朝典章制度，吸收唐代文明，发展成强大的"海东盛国"，不仅有强大的政治、经济和军事实力，而且文化也空前繁荣，尤其是以文学艺术为主的精神文化成就更为突出，"海东文化"获得了很高的评价。海东文化不仅有靺鞨文化的基因，还有中原文化的风采和其他民族的有益营养。关于渤海使用的文字问题，经过对大量渤海文字瓦的发掘研究，及对吉林省出土的渤海贞惠、贞孝公主两通碑文的考证，均表明当时渤海地区普遍通行汉字，而没有创造新字。

唐代是我国诗歌发展的黄金时代，渤海国的诗歌在唐朝的影响下，也有相当成绩。但是很可惜，至今我们能够见到的渤海诗人的作品凤毛麟角，多为渤海派赴日本的使者，在日本时写作的。唐代著名诗人刘禹锡的诗句："渤海归人将集去，梨园弟子请词来。"足见唐诗东传的盛况以及渤海人和日本人的交往，并结下了深厚的友谊，结出文化交流的果实。除此之外，渤海时期，宗教、音乐、歌舞以及绘画、建筑和雕刻艺术都体现了自身特色，又吸收中原文化艺术的精华，同时渤海为中日的文化交流的延续打下了深厚的基础。

清人入关后，对"龙兴"之地——东北地区实行特殊的保护政策，以山海关为限严禁关内人随意出关，实行"封禁"，大约持续了200年。这一时期以"流人"为主体的文化代表了清朝关东地区中原文化的水平，故称"流人文化"。流人发放的地区有关东、云贵、新疆，而发遣最多的是关东。宁古塔城是清入关前后黑龙江的政治、经济、文化中心，也是发遣重犯流人最集中的地方，流人把中原文化和各种书籍带来，使一度沉寂而荒凉的宁古塔

---

① 张泰湘：《黑龙江省的原始社会考古学研究》，《史前研究》1986年第Z1期。

变得活跃起来。文化活动主要有讲书教学、文学创作，包括撰写文史著作，诗、词、文章，还以结社的形式进行文学活动。据《柳边纪略》载，文人带来大量的书籍。如杨越被流放宁古塔，携带了《五经》《史记》《汉书》《李太白全集》《昭明文选》等；周长卿带来《杜工部诗》《字汇》《盛京通志》；呀思哈阿妈带来《纪事本末》；车尔汉阿妈带来《大学衍义》《纲鉴》、白眉《皇明通纪纂》。①"流人通文墨，以教书自给。"流人生活相当艰难，以教书、讲学获取生活之资，但也为当地百姓首先是官宦及富人家所急需。流人的这一活动，为当地教育发展、文化水平提高起到关键作用。吴兆骞"惟馆谷为业，负笈者数人"，宁古塔将军器重他的才华，聘其为师。河南人李谦六发配到宁古塔，受到当地人吕景儒的邀请，做其子的老师。流人讲学活动，引起贵族家庭办起了学堂，如宁古塔的"龙城书院"。

《宁古塔纪略》为吴桭臣所著，其父吴兆骞于顺治十四年（1657）流放宁古塔二十三年，于顺治十六年（1659）出塞，夫人葛氏于康熙二年（1663）二月五日至戍所，次年十月十四日生子，即桭臣。桭臣至康熙二十年（1681）八月始因其父赦还而离戍，时"已为成人，其中风土人情、山川名胜，悉皆谙习，颇能记忆"。归后至康熙六十年（1721），追忆其在塞外见闻，撰成《宁古塔纪略》，记其父遣戍往返始末，间及当地风俗物产。虽然记事简略，且有失误，但由于所述多为所闻所见之事，作为第一手史料，该书仍有较高的史料价值②，是研究清初关东社会生活、民族与文化的珍贵资料。

《柳边纪略》为杨宾所著。杨宾之父杨越，浙江人，因暗结反清复明之士，事情败露后被定为逆案，于康熙元年（1662）冬流放至宁古塔。康熙二十八年（1689）九月，作为长子的杨宾已经40岁，出塞，于11月抵达宁古塔，终于见到了分别27年的父母。就在这次省亲的往返途中，凡沿途所见，

---

① 参见杨宾撰《柳边纪略》，商务印书馆1936年版，第74页。
② 参见（清）方登峰、方式济、方观承、吴桭臣《述本堂诗集·宁古塔纪略》，黑龙江大学出版社2014年版，第5页。

如道路距离、城郭、屯堡、民情、风俗、方言、河山险易、要塞隘口等都做了调查，悉数记下。在宁古塔期间，他周览当地山川名胜，于康熙四十六年（1707）写成《柳边纪略》。《柳边纪略》颇受学术界推崇，梁启超著《中国近三百年学术史》对此书以高度评价，称它是一部开创"边疆地理研究风气之名著"。至今这部书仍是我们研究东北地方史及清前期各项政策的重要文献。

张缙彦是宁古塔流人中著名的学者兼诗人，原为崇祯元年（1628）进士，官至兵部尚书，后降清，先后任职于山东、浙江，因受朝廷党争牵连，于顺治十八年（1661）被发配到宁古塔。他放情山水，为宁古塔山川河流作记，给那些无名的山水逐一命名，并记其源流、胜迹、物产、风俗等成《宁古塔山水记》，是黑龙江第一部山水记与地名学的重要著作。张缙彦组织的"七子之会"给冷寂的宁古塔文化注入活力，他无刻不以诗文为事，"七子"同是他志趣相投的沦落文人，他们定期集会创作诗歌，"七子之会"也是黑龙江地域有史可考的第一个文学团体。他们还为宁古塔的文学、戏曲、绘画发展奠定了基础。

中华人民共和国成立后，宁安进入一个新的文化建设时期，民俗研究活动繁荣发展。1958年，县政府动员各界群众，筹集资金修建了人民文化宫，改善文化环境，在当时是规模较大的兼具文艺会演和电影播放的人民娱乐场所。

宁安县委、县政府重视群众文化活动。1958年，宁安县被授予全国第一个文化县的光荣称号，事迹由长春电影制片厂拍成新闻电影《文化还家》在全国播放。同年6月，黑龙江省委、省政府在宁安召开表彰大会，并向宁安县颁发一面绣着"第一个文化县——宁安"的锦旗和一块金盾，金盾后来被中国国家博物馆收藏。1979年，宁安诞生了文学社团——宁安县民间文学研究小组，这个组织当初社员仅有9人，有人将其和清代的"七子之会"相比，称为"九子之会"。这支队伍经过几十年的发展，目前有会员百余人，他们作为宁古塔历史文化和民间文化宝藏的挖掘、整理、研究者，创作出一大批作品。组织领导者是满族文化传人傅英仁老先生，他从小酷爱民间文化，一生经历坎坷，党的十一届三中全会以后，勤奋笔耕，言传身教，培养新人，写出一大批民间文学作品。他传唱满族民歌，传授民间舞蹈，为弘扬宁安民族文化、振兴满族民间文艺事业做出重大贡献，曾担任全国民间文艺家协会理事。一批中青年骨干也在不断成长，他们抢救民族民间文化遗产，发表创作大量民间文学艺术作品，根据民研会群体的事迹拍成的专题片《真诗在民间》在牡丹江地区获奖。自 20 世纪 90 年代开始，大型体育馆的建设，渤海上京遗址博物馆、三陵坟和虹鳟鱼场古墓葬群的发掘，宁安历史博物馆、宁安市图书馆、稻作文化主题公园的建设等，使宁安的文化事业步入崭新阶段。

第六章

遗产复兴与乡村振兴

"农耕文化是我国农业的宝贵财富，是中华文化的重要组成部分，不仅不能丢，而且要不断发扬光大。"[①]农业文化遗产保护为遗产地乡村提供了脱贫致富、走向振兴的机遇。要推动乡村文化振兴……深入挖掘优秀传统农耕文化蕴含的思想观念、人文精神、道德规范……焕发乡村文明新气象[②]，农业文化遗产作为农耕文化的集中体现，肩负经济发展、生态保护、文化传承等任务，为遗产地乡村提供了脱贫致富、走向振兴的机遇。

第一节　农业考古实践

宁安土质肥沃、气候温和、雨量丰沛，是黑龙江省东部地区主要产粮地之一。通过考古和调查证明，在境内牡丹江两岸以及镜泊湖畔，发现较多新石器时代原始社会的村落遗址，有莺歌岭、松乙河、珍珠门、上屯、苇子沟、张家亮子、三陵村、牛场、上官、土城子、上马河、大牡丹、蛤蟆河、东升等200余处，而且分布很密集，有的遗址相距只有几公里。这些遗址是肃慎族，以及其后裔挹娄的村落遗址。从出土的大量农业生产工具来看，早在三四千年前，本区就产生了原始农业，也是古代农业文化的摇篮。

1963年发掘的莺歌岭遗址中出土的石锄证明了农业生产的存在。石锄

---

① 习近平：《在中央城镇化工作会议上的讲话》，载中共中央文献研究室编《十八大以来重要文献选编（上）》，中央文献出版社2014年版，第605—606页。

② 参见《习近平参加山东代表团审议》，2022年11月1日，央视网（https: //baijiahao. baidu.com/s?id=1594377735673143719&wfr=spider&for=pc）。

是用绳麻纤维类使其固着于木棒上使用，可用来掘坑播种，又可松土锄草，兼有镐和锄的作用，部分压制石器和少量磨制石器用于开垦耕地、砍伐树木。石刀是新产生的磨制农业收割工具之一，证明了原始社会人们已经能够对谷物进行加工去壳和磨碎。从打制石器过渡到磨制石器是一个显著的进步，优点是具备了准确合用的类型和锋利的刃口。前文已提及莺歌岭的小陶猪，形象和近代东北流行的大民猪有某些近似之处。大民猪耐寒、杂食、多产，是我们祖先在千百年的实践中培育出来的优良品种。养猪需要充足的饲料，而饲料又要来源于农业。同属一个文化系统的牛场、大牡丹、三陵、红石砬子等遗址也出土了较多的农业生产工具，如石斧、石铲、磨盘、磨棒等，尤为重要的是在牛场和大牡丹均发现了农作物的谷粒，牛场的大豆，大牡丹的大豆、粟（小米）和黍（大黄米），说明农产品的种类较为丰富。

在渤海砖厂遗址（位于上京龙泉府遗址北约3公里处）出土了黑龙江省较早的铁制农具——铁镬，是开垦耕地、砍伐树木用的农业生产工具。经省考古专家们鉴定，同中原西汉时期同类工具相似。1964年东康遗址发现有房址、窖穴和墓葬，以及出土了大量生产工具和生活用具镰等。镰是一种较为进步的收割工具，后一直沿用，数量也逐渐增多。石刀只能割掉农作物的穗实，镰的使用提高了收割效率。农业生产工具从耕种、收割到加工配套，说明这时的原始农业已达到较高水平。东康遗址第二房址出土的陶器里，大部分都盛装了已碳化的谷物，经中国农业科学院专家鉴定为粟、黍和豆。[①]

宁安境内的农业考古实践告诉我们，以宁安境内遗址命名的史前考古学文化具有深厚的底蕴，许多遗址地均发现了与农业相关的生产工具，见证了该地区的农业起源和农业发展历程，传承了几千年的农耕文明。这里的先民们从秦汉时期就在这块土地上从事农业生产，到了东康遗址时期达到了较高

---

① 参见陈青柏《农业考古辑述》，载宁安县政协文史资料研究委员会编《宁安文史资料》第五辑，内部资料，1989年，第175—176页。

的发展阶段。从出土的文物来看，宁安古代农业的发展受中原先进农业经济文化的影响，石制铁制工具的使用，都是中原王朝与东北各民族经济文化交流的结果。

渤海国上京龙泉府遗址公园以渤海国上京龙泉府遗址为主题，以渤海镇周边众多的渤海国时期考古遗址、遗迹为内容，辅以自然景观和已开放的旅游、休憩园区，以独具特色的山形水系和良好的原生态环境为依托，已构成具有考古发掘与研究、文物保护与展示、游览与休憩等功能并存的特定的公共空间。遗址公园西至莲花河，北至牡丹江北岸包含三陵乡，东界、南界同《渤海国上京龙泉府遗址保护规划》建设控制地带，并跨江与西界、北界相接，占地规模为 62.75 平方公里。考古遗址公园经过近五年的环境建设，在保护的基础上，更好地开发历史文化，提升渤海镇和宁安市的知名度，有效解决遗址保护和当地经济发展之间的矛盾，带动区域内民生事业和配套产业，提高当地农民的文化素质，带动农民生产方式的转变，并使农村逐渐向现代化设施农业和旅游服务业转移，以期达到遗址惠民的目的。

第二节　稻作主题与村落景观构建

玄武湖农业公园坐落在渤海镇上官地村，包括玄武湖及周边区域，占地面积 70 万平方米，于 2018 年 8 月开发建设，现为国家 3A 级景区，内有玄武湖自然风光、唐渤海国历史文化、石板稻米稻田等景观，包含仿上京城、稻作文化展示馆、清华大学玄武湖稻作工坊、非遗展示馆等景点，还有游船、观景火车、福字栈道、上官民居等设施，提供农业观光、休闲旅游、健身康养、农事体验、特色餐饮、民居住宿等乡村旅游服务。

图6-1　玄武湖附近稻田景观

渤海镇结合本地自然风光、历史文化和响水大米特色，打造高端稻米体验和营销中心，生态休闲度假胜地和全国特色小镇的示范样板，按照一二三产业融合发展、春夏秋冬四季运营理念，集中打造以上京城遗址和渤海镇所在地为主的古镇片区，以玄武湖、上官地村为主的小镇片区，以江西村、响水村为主的米镇片区，以小朱家、瀑布为主的特色乡村民俗旅游度假片区，实现产业融合发展之路。

仿上京城以"海东盛国"为主线，包含具有唐代渤海国风貌的护城河、商业区客栈和渤海文化展示区，区内于稻田美景下进行风情演绎，让来访游客可以在现场体验全息技术和沉浸式场景互动，全心感受文化魅力。

渤海稻作文化展示馆占地面积6000平方米，有四个展示馆：火山之米、水稻之梦、米饭探知、体验与参考。展示馆通过现代科技和实物陈列的方式，展示响水水稻生长的特殊地理环境、石板米发展历史、现代技术应用和当地人文风俗。稻作文化展示馆集中展示响水大米水稻种植技艺、加工程序、古代加工工具和现代农业科技成果，运用现代科技手段，反映稻米文化，彰显响水大米特点，再现千年贡米神韵。稻作田园体验区的主题是"稻可道，非常稻"，呈现玄武熔岩台地生长水稻的独特景观和稻米加工情景。

东北地区的村落具有典型的地方性特征，响水稻作文化系统相关村落的景观资源和景观形态是村落公共空间、民俗文化、生活方式的体现，村落景观往往与旅游资源开发、村落环境、经济发展相结合。村落公共空间是村民活动交往等的社会性场所，村落景观的构建受人口结构、生产生活方式、社会交往、文化活动以及自然地理等因素所影响。村落景观的形成具有一定的稳固性，有利于乡村聚落景观形态的利用，旅游价值的挖掘，以及对农业文化遗产的认定，推进了村落景观的保护和改善，促进了景观资源开发和农民增收。

图6-2　渤海镇近年空间发展规划

图6-3　稻作文化展示馆

图6-4　福字稻田栈道

图6-5　仿上京城

图6-6 仿上京城街景、文化展示

　　追溯玄武湖所在的上官地村的历史与文化，其形成现有的旅游资源型乡村聚落形态是在村民与土地相互影响的历史进程中，认识自然、改造自然积累下的景观构建智慧。黑龙江的严寒地区，冬季时间长，村落的家庭平面结构多为"一家一户一院"的布局样式，家庭与街道等公共空间的界限多采用砖墙、篱笆、栅栏等加以限定。房屋构造多为南北通透，朝向趋阳、抵御严寒，同时多横向连排，纵向成多列。院落内部有自家口粮和蔬菜种植区域，门口的街道、小卖店等成为重要的社交场所。

　　以上官地村为例，其村落道路的最新一次大修是在 2017 年，之前每隔一阵都会小范围修整，以便响水稻米的运输。自响水稻作文化系统成为中国重要农业文化遗产后，市政府牵头在此修建旅游区域，即前文提及的渤海风情园。2022 年，清华大学乡村振兴工作站宁安站于上官地村建立，牡丹江市近年与清华大学签订人才合作协议，建立驻校人才工作站，成立乡村振兴远程教学站和大学生乡镇产业发展、历史名镇文化建设等社会实践基地，在乡村振兴、产业规划、技术攻关、产品品牌等深化与清华大学的合作。

据村书记表示，村落道路等公共景观在建设上选用适合的材料，又尽量减少成本，最大限度地支持农业生产，在村落的旅游价值上突出农业遗产和地域文化特征，让来访者感受自然与和谐之美的同时产生农业文化认同，进而提高农业产品的价值。

上官民居是以"镜泊飞瀑，渤海故国"为主题，运用生态淳朴自然的田园主题打造的一系列原乡风貌的主题民宿，展现地域文化和民俗特色，是宁安民族村落民居的特殊样板和民宿体验区，民居由村集体经营，以村内闲置房产为基础，一次性向房主支付20年租金，产权归属房主，采用盈利分红的模式，对农房进行整体改造，更换房盖，对主街民宅外立面改造；整修院墙、边沟、铺设排水管网，建设污水处理设施，改造水冲式厕所。上官地村周边生态自然景观优美，环山、环水、临湖，整个村子融入无垠绿色田野中。民居以关东民居风格为主，有朝鲜族民居、新中式民居、现代农村民居、特色民居等四种风格。依托玄武湖国家农业公园，结合当地人文、自然景观、生态、环境资源及其他农业生产活动。上官地村2019年被评为全国乡村治理示范村，2020年被评为全国十佳美丽乡村。

在进入《中国重要农业文化遗产目录》的契机上，上官地村对村落景观进行整体规划，该村历史底蕴较为深厚，村落人口结构老龄化，外流人口多，村落景观除景区外主要包括道路、河边堤岸、十字路口、村庄入口等。遵循上官地村中的房屋、道路、植被等村落景观，以及村落内部的聚落布局，上官地村调整局部空间以完善村落景观形态的完整性，运用本土化树木布置公共环境，加大村内绿化面积，种植景观树和绿化树2万余棵，美化绿化村屯，还设立了垃圾分拣站、建立污水处理站，根据村民和来访者的活动类型确定日常居住或民宿开办等土地使用方式。上官地村做好了生活休闲与旅游服务为一体的规划，结合该村落独特的自然地理条件，以"宜居宜游"为主构建村落景观，与村民生活需要和来访者的游玩需求，营建村口景观、村落街景、堤岸步道景观等。以水体为景观形态的中心，向村落内部展开形成若干带状空间，铺建栈道、建设观景台，使人们可以随时随处观赏稻田美景，这种让人对周边的景观形态感知的渐进式过程体验能够强化村民和外来者对村落景观的地域文化认同。

响水村更是以独有的"田园风光"吸引了外来游客。在响水村的稻田里，我们能看到大河旁的特有火山石板土，春天的嫩苗、夏天的翠绿、秋季的丰收，还有最质朴的乡间烟火气。特别在秋季，秋风扫过一片金黄，大河流水浩荡壮阔，人们闻着稻花香，在农家乐品尝着石板大米，其乐融融。

农业景观是自然地理空间与人类经营空间的复合体，是一个涵盖自然、经济、社会的复合生态系统。[①]农业景观、村落景观是农民劳动创造的复合生态系统，是农村文化的展演，孕育着农业的智慧和乡村的文化记忆。农业生态景观和农业文化景观都成为旅游活化利用的宝贵资源，是开展农业文化遗产保护性旅游开发的重要吸引物。农业景观也是乡村旅游发展的重要资源基础，其主要创造者是农民，在景观旅游开发过程中，无论是企业还是老板都是利用农民创造的景观获取收益，实际上农业景观已经成为一种能够产生收益的资产和商品。[②]景观资源与农民权益息息相关，景观的可持续利用和共同富裕目标的实现紧密相连。

图6-7　火山石板

图6-8　上官地村街景

① 参见乔丹、柯水发、李乐晨《国外乡村景观管理政策、模式及借鉴》，《林业经济》2019年第7期。
② 参见张灿强、林煜《农业景观价值及其旅游开发的农户利益关切》，《中国农业大学学报（社会科学版）》2022年第3期。

第三节　农业文化遗产的市场化

"2022 中国品牌价值评价信息"显示，黑龙江省品牌总价值 2274.23 亿元，共有 34 家单位上榜。其中地理标志保护产品专用标志使用企业 18 家，品牌总价值 1962.68 亿元；响水大米品牌价值 43.69 亿元，响水大米凭借万年熔岩台地土壤以及镜泊湖水的滋养，成为宁安的金字招牌，自 2007 年国家质检总局批准对响水大米实施地理标志产品保护后，宁安市对生产、销售等方面全面实施国家地理标志保护，充分挖掘稻米市场潜力，基于品质、品牌、管理等方面的提升，推动响水稻米产业发展和市场竞争力，促进农业增效、农民增收。

前文详述了响水稻作经过多年试验种植，选择了优质稻米品种"稻花香 2 号"的种植并长期稳定下来，之所以本研究对品种花了一小节来介绍，是因为响水稻作的历史感与品种的优质性真正使响水大米焕发新生，并在农业文化遗产的推动下大幅增值，和五常稻作一样拥有了争夺市场的能力。宁安市结合实际建立了科学、有序的监管模式，制定"响水大米加工企业全过程监管记录""响水大米原料流转单"，通过多个驻厂监管小组对大米加工企业进行全程监管，从种植环节到水稻进厂检验、生产及产品出厂的每道工序进行详细管理和记录，用科技手段护航响水大米地理标志产品的生产、加工。响水大米之地方标准上详细制订了响水水稻种植管理相关的技术规范，以及水稻的土壤条件、种苗培育、种植、田间管理、施肥、病虫害防治、收割和贮藏等具体要求。建立地理标志产品信息电子防伪查询系统，严格管理地理标志保护专用标签的使用，购买产品可通过网络和电话查询有防伪功能的地理标志保护专用标签真伪，实现响水大米的可溯源。

本节关注响水稻米面对市场的商业经营模式，从政府主导和本地推动的双重角度进而涉及具体层面的讨论。响水稻米的悠久历史与农业文化遗产之认定的机遇助推宁安抓住了新的市场机遇，使自古以来的精品优质稻米焕发新生。没有排名首位的品牌价值加持，响水稻米也没有发生五常大米的"掺假"丑闻，反而能够做到独善其身，产业发展阻碍较少。近年来，从宁安政府到各乡镇米企转变思路，利用文化优势、朝鲜族水稻种植历史，重塑响水稻作文化体系，从稻花香本身的食味品质出发，逐步开发出了"安全、绿色、有机、健康"的响水优质大米。

一、政府扶持

2007 年，响水大米地理标志产品保护范围以黑龙江省宁安市人民政府《关于申报响水大米国家地理标志产品保护的请示》提出的范围为准，为黑龙江省宁安市渤海镇、东京城镇、江南乡、卧龙乡、兰岗镇等 5 个乡镇现辖行政区域。

响水大米作为国家地理标志产品，具有包括涉及人体健康、安全的要求以及产品的营养成分、口感、色香味等品质指标的普遍性，也有包括地理环境、文化背景、品牌建设、工艺等因素所积淀的产品质量、品质的独特性。响水大米还有农产品的三品认证即无公害农产品、绿色食品和有机农产品认证。响水大米生产的季节性强，受土壤、温度等自然条件影响较大，从筛选种子到收割，再到脱谷包装，是一个"从土地到餐桌"的完整过程，每步都是严格把握，经过传统手工与机械化结合操作，达到认证标准及质量管理体系标准。地理标志产品保护制度能为区域特色经济建设提供产业优势利益，是政府的产业调控手段，并为其提供法律保证。

宁安市按照土地集约化、生产现代化、农机化、种植过程工厂化、产品品牌化、区域公园化的要求，充分发挥独特的土地资源及生态优势，通过走产业化道路，积极培育国际品牌，打造中国高端特色农产品生产基地，高标准建设好响水小镇，推动响水米产业升级，确保全市农民持续增收，农业现代化发展，加快一体化发展先行城市的建设步伐。除渤海风情园，还推动了响水小镇的建设，与农业文化遗产、自然风景旅游区、渤海国遗址文化区等

图6-9 地理标志保护产品

自然文化优势结合，促进响水稻作的发展，响水米产业的升级，使宁安成为现代农业的示范区、景观农业的展示区、旅游名镇和优质稻米的主产区。

宁安农业拥有石板田这样独特的土地资源，具有森林覆盖率达 62.8% 的优良生态优势，是特色农业发展的良好基础。在农业文化遗产的保护和利用方面，要注意高标准、全方位地保护响水稻作文化系统，助力响水米的产业发展，充分考虑城乡统筹与农业产业化、专业合作社与龙头企业的结合，使当地企业强农民富，农民增收与企业赢利并行，在保护农业文化遗产地资源的同时，吸引更多投资建设高品质农业基地、完善绿色有机农业的发展。

响水米工业园一期工程于 2012 年投产运营，可加工 10 万吨优质水稻项目，年产值达 5 亿元，年创利税 4000 万元，带动当地稻农年增收 5000 万元。[①] 此项目由宁安市引入，由黑龙江响水米业股份有限公司投资建设，产品深加工区，包括米糠油、粥米生产，营养米加工等，是集大米、米糠油及附属产品深加工和科研、旅游参观于一体的响水产品加工基地。企业依照"品牌带基地，基地带农户"的经营模式，实现土地集约化经营，变田间为车间，变农民为农业工人，以租赁和入股两条渠道实施土地流转，流转优质水田 8000 亩统一经营。集约流转的土地按照统一工厂化育秧、统一种植规程、统一测土配方施肥、统一田间管理、统一收割加工的"五统一"规范种植管理模式，水稻产量和品质明显提升，与水稻合作社签订的订单价格高于市场价格，农户转变为农场的产业工人，实现规模化经营。

在响水大米地标产品的生产管理上，建立了响水大米的"身份"追溯体

---

① 参见赵文良《宁安市响水米工业园带动稻农年增收 5000 万元》，2022 年 11 月 3 日，中国贸易网（http://www.ningan.gov.cn/view.php?id=3414 #viewtop）。

系——智慧农业信息平台。首先，农产品质量安全视频监控系统的安装，可以将农业产作区里通过摄像头采集的视频无线传送回管理中心，保持远程对农作物的生长、采收、加工、集散过程进行实时监控。其次，建立响水大米国家地理标志保护产品防伪查询系统，通过产地备案，使用防伪标签等措施规范市场，实现大米的质量可溯源和"身份"唯一。将宁安响水稻作核心区的水田信息全部录入系统，定位到农户、地块和边界，从而实现对水稻产量的分户核算和总量控制。把区域内所有农民每家每户的水田面积数确认出来，比如水田面积总数按照平均每亩地1300斤的产量为准，就有生产上限的量，比如一户农户有10亩地，每年就只能生产13000斤稻谷，不限制卖的次数，只限制卖的总量，实现了总量控制，分户核算，每户的地块信息都与农户的身份证绑定，通过扫描农户身份证信息保证农户水稻的生产量与地块是匹配的。最后，通过便民查询体系，消费者扫描购买产品外包装上的编码和二维码可直接查询农产品的全流程跟踪信息。

二、本地推动

宁安市提出全面加快绿色有机食品之都建设，发挥龙头企业的作用，带领农民共同发展绿色、有机食品产业。在响水米企业水稻集中育秧园区，组织进行集中化的土地流转、棚室建设标准及水稻标准化种植，支持企业入股注资米企并大力推进米企上市，进而打造类似农业旅游、观光旅游、生态旅游为一体的现代化大型农业企业集团，助力成为全国农业的一大品牌，以期增加农民收入和当地税收，如2009年的新华联入股"响水米业"得到了省、市各级政府的大力支持。反之企业围绕响水品牌、品质和独特优势，协助政府打造绿色有机食品之都，构建良好的绿色生态环境，生产高品质的农产品，形成集中育秧、规范种植技术，优质优价收购，对从水稻苗床取土到收获的全过程进行监控。

物以稀为贵，响水大米进一步细化了产品定位，体现响水大米的稀缺性、排他性。作为农业产业化龙头企业，"响水米业"不断提高企业的辐射范围和影响力，通过联强联弱，将企业的影响力向周边地区辐射，以响水稻作核心区为中心地带扩展，最终在系统内部形成较为完备的种植生产产业一体格局。

随着网络传媒和快递物流服务业的发展，以往只能销售到集市或粮店的宁安响水大米，销售方式正悄悄发生着变化。渤海镇村民与农村合作社合作申请注册自己的大米品牌和绿色无公害认证，还有的村民有了自己的淘宝、微信店铺，结合"大米专线"等优惠的物流渠道，大米销售运送到全国各地非常方便快捷。快递物流更是无偿免费接货和装卸，并能够安全准时送货上门，大米消费者们都开始逐渐认可线上采购。村民们通过在互联网发布销售石板米的信息："生产在万年熔岩台地上，享受着黑色腐殖土壤的滋养，纯净镜泊湖水的灌溉，呼吸着原始森林的新鲜空气，观如羊脂美玉，品味甘醇柔韧……"客户深入了解并沟通后下订单。从事网络销售的农户正是利用了产品品质好积攒了一定的口碑和信誉，继而扩大种植和经营规模。

更有村民把响水大米从两段式育秧、插秧及田间管理到收获各个环节拍成小视频，上传到抖音、火山等视频平台，或者通过微信朋友圈视频号发送，想买米的消费者可以不用长途跋涉到当地就能见证整个生产过程，脱粒、加工和包装环节在视频中清晰明了，农户的网上销售行为口口相传，极大地带动了农民的种粮和销售积极性，比只种粮收粮的收益扩大两到三倍，也把真实的响水米展现给了大众，提高了影响力。

除主产水稻以外，渤海镇乡村通过土地流转发展形成千亩圆葱种植基地，获得了近百万元的收益，还有的村依托上级农技推广部门技能优势和乡镇农技服务体系优良资源，有针对性地开展特色农业种植技术培训，全方位提供服务指导，帮助种植户分析研究市场前景，准确定位，全乡特色种植业蓬勃兴起，极大地推动了农业增效、农民增收。如，实施3000亩种植规模的五味子产业区建设；发展食用菌产业，在农户掌握先进成熟的栽培技术基础上，全村的滑子蘑种植规模在每年7万袋，收益达到7万余元，吸引新的农户投入生产；有的村新建野生蕨菜育苗基地，产出优质野生蕨菜 5 万斤，联系外销，进一步拓展农业创汇新渠道。

我国农业正处于由传统农业向现代农业的转折阶段，市场化是农业现代化的灵魂，是我国政府转变农业发展方式，实现农业高质量发展的必然选择。宁安牡丹江现代农业迅速发展，水稻等特色精品农业叫响全国，响水稻米被称为千年贡米，响水稻作文化系统成为中国重要农业文化遗产，城乡居民的经济文化需求逐渐提高，宁安已形成了较详尽、可行的生物多样性保护和传统知识发掘体系，经过把响水区域建设成为农业产业化发展示范区、生态文化小城镇，走出了一条文化遗产保护和开发与产业化城镇化结合的新型发展道路。

三、"两化"模式

响水"两化"，即响水米产业化、响水区域小城镇化，作为全省在特色农业区域开展产城融合、新型城镇化与现代农业综合配套改革先导型示范项目，承担着模式探索与改革创新的重要使命。宁安市政府用国际化、现代化、个性化的标准，规划建设响水"两化"，提升宁安城市品位。[①]

首先，以国际化的视野、全球化的眼光看待发展。宁安市聘请北京泛华集团，合作开展战略规划及各专项规划深层次编制工作。2014 年，黑龙江省发改委正式批复《响水"两化"建设总体规划》，确定依托石板田珍稀的资源优势、镜泊湖畔独特的生态环境优势和渤海国厚重的历史文化优势，以打造现代化小城镇、实现响水大米产业振兴、促进农民增收为目标，实现集约化经营，把响水米打造成"餐桌上的高端米"，形成以响水稻米产业为主导，餐饮、文化、旅游等为支撑的产业发展格局，推进响水区域"一镇五区"建设，域内农民全部转变为新型社区居民，把响水小镇建设成镜泊湖畔生态文化旅游名镇。

---

① 参见杨玉花、马杰《龙江大地上隆起响水"两化"模式》，http://www.ningan.gov.cn/view.php?id=539031，2022 年 11 月 3 日。

其次，重点从土地集约、产业振兴和新型城镇化建设三个方面推进创新示范，实施国家级土地综合整治，可移动塑钢渠系田埂土地整治实现了水田生产机械化和智能化作业，做到了土地最大化集约。在水稻育种基地，国家粳稻工程技术研究中心提供综合抗性强品种及引进国内外优质水稻品种共计58个，以良种繁育提供产业的强力支撑，黑龙江省响水大米产品质量监督检验中心启动可溯源系统平台建设，响水米产业园区被确定为省现代农业科技示范园区。集中打造渤海现代化旅游小镇，建设响水江西朝鲜民俗体验区，上官渤海古文化集合区，哈达水乡特色旅游区，小朱家田园风光旅游区，东珠湾国际旅游度假区，农民安置新区二期、小镇路网、社区服务中心等。组建土地股份合作社和农机专业合作社两类合作社，实施土地向股份合作社和农机合作社、发展投资有限公司，再向龙头企业流转，确保农民合作组织相应的保障和收入。安置房建设让农民真正过上城里人的生活，新增就业岗位解决农民就业问题。采用政府主导、本地协作的方式招商引资、向上争取、市场融资、土地增值、保证资金供应。创新模式的响水"两化"项目推进宁安迅速崛起。

2008 年的"神舟七号"升空旅程是我国载人航天技术向前迈进的一大步，伴随神舟七号同翱九天的响水米种也经历了高光时刻，实现了太空育种。太空育种专家及农业专家对全国范围内上百种水稻种类进行挑选、检验及甄别，选择响水米进行育种实验，旨在培育更加优良的稻米品种。太空具有特殊的环境，包括宇宙粒子辐射、微重力、弱地磁、高真空以及低温等，这些综合因素会诱导种子基因发生突变，使植物产生可以遗传的独特性状，太空育种对植物变异产生优良品种有着特殊的意义。目前的多项实验证明，进入过太空的水稻在成熟期，株高、粒形、谷壳色等方面都产生了较好的变异。响水米能获得如此殊荣更好地说明响水稻作文化系统在农业发展中的重要作用。

响水大米"太空游"后身价倍增，订货客户成倍增加，精包装后售价增至两倍以上，农户们至少可增加两成以上的收入。

第四节　遗产助力乡村振兴

农业文化遗产的复兴与乡村振兴战略的要求契合，农业文化遗产是农村与其所处环境长期协同进化和动态适应中形成的独特的农业景观和土地利用系统，强调"系统"的概念以及系统中的生物多样性和文化多样性，具有活态性、复合性和系统性，需要人的参与并且不断变化的经济社会生产方式，拥有独特的农业生态系统以及随之产生的经济社会文化和环境效益。遗产旅游作为遗产保护与利用的有效模式之一，已成为遗产可持续利用、动态保护的重要途径之一。

随着我国乡村振兴战略的提出，农业文化遗产复兴和文化、旅游产业得到了新的发展机遇。[①]党的十九大报告提出乡村振兴战略的总体要求是"产业兴旺、生态宜居、乡风文明、治理有效、生活富裕"，党的二十大提出全面推进乡村振兴，坚持农业农村优先发展，加快建设农业强国，扎实推动乡村产业、人才、文化、生态、组织振兴，全方位夯实粮食安全根基，牢牢守住十八亿亩耕地红线，确保中国人的饭碗牢牢端在自己手中，巩固拓展脱贫攻坚成果。

东北地区作为我国重要的工业和农业基地，具有维护国家国防安全、粮食安全、生态安全、能源安全、产业安全的战略地位，关乎国家发展大局。2015 年 12 月，《关于全面振兴东北地区等老工业基地的若干意见》审议通过。2018 年 9 月，习近平总书记在沈阳主持召开深入推进东北振兴座谈会时强调，以优化营商环境为基础，全面深化改革。2020 年 7 月，习近平总书记在吉林考察时强调，加快转变政府职能，培育市场化法治化国际化营商环境。党的十八大以来，习近平总书记多次来到东北考察，下农田、进车间、到厂矿、访民居……多次在全国两会期间专门到东北各代表团参加审

议，共商振兴大业；多次召开会议研究东北振兴之策，为东北全面振兴、全方位振兴指明了方向。在习近平新时代中国特色社会主义思想指引下，如今的黑土地，正日益成为改革的热土、开放的厚土、发展的沃土，焕发出崭新气象，东北振兴迈上了新的历史起点。

农业文化遗产与乡村振兴战略契合，有利于推动农业文化遗产的挖掘、保护与传承工作，体现农业文化遗产的多种价值，其蕴含的丰富的生物、技术、文化基因，促进乡村振兴战略的实施，也可以说，实现了农业文化遗产的可持续发展也就达到了乡村振兴的基本要求。[1]农业文化遗产的评定具有保障农民生计与食物安全、传承乡村文化和乡风文明、地方性知识和民俗文化复兴，加强乡村社会的治理、实现教化和社区管理以及改善乡村生态环境等多重功能。[2]宁安响水稻作文化系统得益于农业文化遗产的评定，响水稻米名声大增，乡村旅游如火如荼，打造精品农作物、特色农产品实现了农民增收；在长期的生产生活实践中，形成了稻田共生生态农业系统和技术，朝鲜族民俗焕发光彩，特色的文体节日活动逐渐恢复，发挥着教化和传承农耕文化的作用；大河灌溉系统等解决传统用水纠纷和乡村发展中的问题，维系了乡村的和谐稳定；稻鱼鸭共生的生态系统和生态农业模式保障了生态系统的稳定和健康，为现代生态农业和绿色农业的发展打好了基础。

宁安响水稻作文化系统不仅给响水村及周边农民带来了直接的经济收益，同时对当地社区的社会文化也产生了积极影响，解放了富余劳动力。响水稻作边际效益提高，稻米带动其他农产品畅销，围绕镜泊湖和农业文化遗产景区周围的农家乐提供了越来越多的收入渠道，使当地农民可以更多地参加劳作及副业，通过不同劳动获得更多收入，旅游旺季七八月正好是稻子的成熟期，无须耕作期的特殊管理，农民早起看水后即可从事副业经营，收入逐渐多样化。以响水村为核心的居民对于本地火山石板田的条件产生了更加

---

[1] 参见陈志国、谭砚文、龙文军《传承农耕文明 助推乡村振兴——首届"农耕文明与乡村文化振兴学术研讨会"综述》，《农业经济问题》2019 年第 4 期。

[2] 参见孙业红、武文杰、宋雨新《农业文化遗产旅游与乡村振兴耦合关系研究》，《西北民族研究》2022 年第 2 期。

强烈的认同和自豪感。在访谈过程中，响水农民自认为所产水稻品质"不输于五常"，虽然价格上达不到五常大米的高水平，但农民们认为自己的稻米更有优势，这点无形中对于宁安响水稻作文化系统的保护更为重要，当地农民都知道这里是中国重要农业文化遗产地，并以此为骄傲。

对于宁安响水稻作文化系统核心区的村民而言，农业文化遗产在当地旅游产业发展、促进农民生计的多样化、提高农产品的附加值、使农民增收、改善生态环境以及促进传统农耕文化的保护和传承等有重要的意义，在乡村振兴的道路上起到了重要作用。对于农业文化遗产地而言，各地具有鲜明地域、民族特色的文化遗产正逐渐成为促进农民增收、发展乡村旅游的特色文化产业，推动文化、旅游与其他产业深度结合、创新发展。合理进行农产品开发和旅游产业发展，在乡村振兴战略背景下重视农业文化遗产的综合价值，使农业文化遗产地成为乡村发展的关键，实施遗产的传承和保护，可持续是发展的总体追求。

随着宁安响水稻作文化系统于2016年被农业部认定为中国重要农业文化遗产后，这一响亮的品牌对当地农村社区的经济、社会文化、生态环境等发展产生了积极影响，也带来了农业文化遗产的保护和发展的相关问题。农业文化遗产作为中华文化传统和宝贵财富，是传统农业以不同形式延续下来的精华所在，其认定和保护与我国新农村和美丽乡村建设的政策目标高度契合。遗产系统中的思想理念、生产技术、耕作制度和文化内涵等若能充分得到借鉴和转化，与遗产地自身的优势和自然社会经济条件结合，一定能够带动当地农村社区的经济发展、社会文化进步和生态环境改善。

第七章 | 农业文化遗产的当代价值

　　在人与自然的协同进化和动态适应下，人们用勤劳与智慧创造出种类繁多、特色鲜明、经济与生态价值高度统一的土地利用系统，体现了自然遗产、文化遗产和非物质文化遗产的综合特点以及农业可持续发展的理念。在我国农耕文化的漫长历史中，形成了丰富多彩的农业文化遗产，凝聚着乡土社会中人与环境和谐共生的知识和智慧，创造了一个有利于农业文化遗产保护和发展的文化生态环境，因此挖掘农业文化遗产的当代价值，成为一个新的时代命题。

第一节　农耕智慧与生态价值

　　"传统是社会所积累的经验……人们要满足需要必须要相互合作，并且采取有效技术，向环境索取资源……人们有学习的能力，上一代所试验出来的有效的结果，可以教给下一代。"[1]费孝通先生在解释何为传统时所举的例子是用咸菜和蓝青布治疗婴儿口腔寄生菌感染的问题，传统和规范被转变成了知识，进而长老具有"教化权力"，把前辈积累的知识在社会继替的过程中传给下一代的教化过程。教化者的权力来自知识本身，不需要任何其他社会条件的支持，纯粹的乡土社会可以视为没有政治的，只有教化的，农耕文明的传承就是靠着这样的农耕智慧的教化。汉人村落长老的教化权力形态是

---

[1]　费孝通：《乡土中国　生育制度》，北京大学出版社 1998 年版，第 50 页。

在国家不断侵夺共同体权力之后的残余物[①]，但农耕知识与智慧保留在村落群体内部，代代相传，历久弥新。

中国重要农业文化遗产项目的立项不仅帮助传承与保护优秀的农业文化传统，带动区域经济发展，而且对文化遗产地的生态建设和环境保护具有重大的当代价值。"宁安响水稻作文化系统"高度适应于当地生态环境，在水土保持、保护生物多样性、提高土地利用率等方面都与其地方性知识和传统技术体系相匹配，可利用和创新价值空间巨大。

宁安响水稻作文化系统是当地群众历经千年实践在适应生态环境过程中集体创造和长期积淀的智慧产物，体现本土生态知识和技术创新。近年来，受现代技术和外来文化影响，传统农业系统萎缩，机械使用力度极大，环境等生态问题逐渐显现。农药已取代传统种植技术成为除虫病害的首选方案。但人们逐渐意识到，传统种植方法中，黄豆肥、草木灰、秸秆、人畜粪肥等都需大量恢复使用，防止植被破坏和水土流失等生态问题。土地利用率低等现象近年多有改善，水田得到广泛开发，荒地被充分利用起来，但因传统稻作系统日益衰落，本地劳动力为获得更多收入外出务工，只能选择农用机械大规模生产，年轻人很少参与老一辈的生产，需要通过言传身教、代代相传的本土生态知识、技术和文化的传承都面临后继乏人的困境。[②]

由于环境污染、药肥施用过度等因素，响水稻作系统相关生物种类曾一度减少，优质水稻产区品种集中于松粳 22 号和五优稻 4 号两个品种。稻田中的农药、化肥、除草剂等化工污染导致资源退变为污染物，响水当地利用"稻鱼鸭"等复合种养的生物食物链来除草防虫，采用抗病品种和绿色有机种植的方式来抑制病害的同时增加经济效益，减少环境压迫。2015 年以来，响水村及周围村落的农村生态环境有了显著改善。由于"稻鱼鸭"共生系统所内含的物质循环共生生态学原理，相对于单作水稻种植，化肥和农药使用

---

① 张亚辉：《费孝通的两种共同体理论：对比研究的反思与重构》，《中央民族大学学报（哲学社会科学版）》2020 年第 5 期。

② 参见陈茜、罗康隆《农业文化遗产复兴的当代生态价值研究———以湖南花垣子腊贡米复合种养系统为例》，《贵州社会科学》2021 年第 9 期。

量分别减少了 20% 和 60% 左右，近 5 年，稻田的化肥和农药使用量呈现减少的趋势，有机农田大面积增加，有效减少了农业面源污染的产生。

"稻鱼鸭"复合系统的出现能够指导当地群众合理改造生态环境，稻田水温可以维持在较高水平，抬高水面、增加日照面积和时间而提高温度的田水更利于植物生长。农民们在稻田周围挖沟渠、稳固河道，在有限的稻田耕作空间内，养鱼养鸭密集共存，从而有效提高了单位面积的生物多样性水平，稻田本身发挥了物种保护区的作用，体现了对生物多样性的科学利用。注重对稻田中的物种搭配和种养时机的控制，如插秧间距要为鱼、鸭留下足够空间，插秧半月后再放鱼苗，适时开始建鸭笼，圈养鸭禁止下田，该除草时让鸭下田踩踏杂草，顶替除草剂的作用，稻子大了再圈回鸭子，不准其踩踏稻苗，收稻前气候转凉即捕鱼，形成互惠互利、共生共存的关系，带来高产高效的经济收益，这其中包含了绿色循环的知识和智慧。生态价值的体现不仅保护生物多样性，还能减少污染，提供健康绿色稻米、鱼、鸭，又保护水土资源，使当地稻田的蓄水能力更强，如果大面积推行还能调节洪涝等。此外，当地人恢复绿色和有机肥的做法，使有机土地恢复地力和升级，不但循环利用生态资源，也从微观做起，保护生态环境，进而提高稻田价值，出产优质产品后土地的利用效率和经济效益得到提高。

农业文化遗产渗透着人与自然和谐共处的知识和智慧，在中国农业发展中的人地关系的紧张和环境演变恶化的趋势难以逆转的双重压力下，依赖于自然环境的农业在人口不断增长的背景下，必须寻找和谐模式下的生存智慧，精耕细作技术产生并不断强化、土地的有效利用、水利工程的开发、生态农业的取向，面对药肥的乱用导致的耕地质量下降和环境污染、生态系统退化，农业文化遗产平台的出现，带领人们重拾传统农业，发掘农业文化遗产的价值。[①]

从事稻作的民族与"水"关系极为密切，自然十分重视水资源的保护、

---

① 参见吴平、田阡《农业文化遗产：乡土社会中的农耕智慧——第六届原生态民族文化高峰论坛综述》，《原生态民族文化学刊》2016 年第 4 期。

管理和使用，也以"用水"为核心形成了相应的生产、生活的行为规范，其关于水的观念和生态文化体系包含的生态知识、技术和价值观在稻作民族的生态文明实践中仍有重要意义。

第二节　社会文化价值

农业文化遗产具有重要历史人文和社会价值，承载着各地的历史文化，传承着民族精神，见证着社会的发展。根据联合国粮农组织的标准，农业文化遗产至少要达到五项标准即保障食物和生计安全，具有生物多样性和生态多功能性，具有特有的农业知识体系和适应性技术，具有独特的农业文化价值体系，具有独特的自然景观和土地及水资源管理体系。

目前一些地区正通过原产地认证、派驻农业专家、塑造品牌等方式，在发掘中保护，在利用中传承，不断推进农业文化遗产保护实践。结合对自然的利用，凭借聪明才智和勤劳的双手，建立繁盛的农业系统，将独特的水资源管理方法与农耕知识相结合，逐渐形成了多层结构的农业生态系统，不仅解决了当地民众的生活需求，而且在保护当地生物多样性方面发挥着重要作用。有些文化遗产成为游客们的"打卡"景点，人们愿意前往当地的博物馆了解这里的历史和知识，参观和体验当地的农业文化。得益于农业活动与大自然之间的长期良性互动，农业文化遗产地形成了可持续的生态系统和独特的农耕文化景观。农产品的生产一直是当地重要的经济活动，遗产地出产物凭借得天独厚的条件和优良的品质获得地理标志产品认证，获得良好的经济效益和社会价值的提升，再反哺文化，使农业文化的印记进一步加深。

一、集体互动的文化根基

稻作作为宁安响水稻作的文化象征，其存在和发展都以传统农耕为物质根基，将家户劳动力转化为社会的共同力量，遗产是人类的文化积累和文化创造，属于可利用、保护和发展的人文资源，通过对农业文化遗产体系与稻作传统之共融关系的理解，诠释遗产的物质与文化根基之意义，对农业文化遗产的价值加以发掘和利用，使之成为能够服务于民族与文明的文化资源。

费孝通先生认为，人文资源是人类从最早的文明开始一点点地积累、不断地延续和建造起来的。它是人类的历史、文化、艺术，是老祖宗留给我们的财富，是人类通过文化的创造留下来的、可供人类继续发展的文化基础。[①] 稻作文化作为宁安历史文化的载体，承载了其民族文化的大部分内容，蕴含生命与灵魂，其文化思维、知识技艺以及文化样态均反映真实的民族生活和劳动智慧。

谈及稻作的历史，当然要回到农业开发、历史记忆以及对政治治理策略的追索。渤海国的遗址及近代朝鲜族人民的迁移定居说明人们的历史记忆没有散落他处，而是累积成传承本族迁徙与定居的历史文化的重要介质。农耕生产呈现文化根基与渊源的同时在建构着朝鲜族和汉族的历史互动进程，使之形成了一套集思维方式、生产生活、民众交往、集体互动为一体的稻作体系，是串联起物质生活、社会结构、婚恋关系、文化传承和精神世界的文化资源。谈及集体性，稻作劳动使村与村之间形成有效的认同。本村或距离远的村会在农闲时期定期进行群体走访和交流，促成了年轻男女的交友甚至婚恋关系进而拓展出更多村民参与的人际互访，村子间的生活风习（饮食方式、行为举止和风俗传统等）比较相似，这对于亲密关系的建立也具有决定性意义，通过稻作体系，人与人之间的关系从个体性上升到集体性。

响水稻作已在当地对本土文化的认知和书写中进入他们的日常农耕生活

---

① 参见费孝通、方李莉《关于西部人文资源研究的对话》，《民族艺术》2001年第1期。

和观念中，人们对稻作文化的认识和理解也在日益增加的各色表述中不断转变。作为东北地区定居朝鲜族特有的文化，稻作体系旨在追求自然之美，在自然环境、生产劳动和日常风俗中不断深化其知识和技艺，再历经岁月沉淀，完成了全民习得进而全民参与的进化过程。

响水稻作的农民通过耕作与种植的生产过程进行文化传递，其劳动过程揭示出一幅与自然友好共处、与生活水乳交融的层叠画卷。劳动记叙着稻人的生活，稻穗延续着他们的生命。他们的文化来源于劳动，来源于生活，他们生产的不仅仅是美味的食物，还有他们对自然与生命的热忱与追求。

人文与知识资源不仅关注物质承载的人的价值观和技术，更关注知识和文化的存在状态，和现在文化遗产概念很相似，且涵盖范围更广。作为普通的农民，他们于农忙时在土地上辛勤劳作，种植庄稼，生活节奏遵循着四季与农时的变化节律，负担着整个家庭的生计，农闲时是他们的集体身份的体现，丰收后又可以实现对社会地位的追求。可以说，这也是每个稻人的爱好，不限于身份，仅仅是对稻和稻作文化的依恋和热爱，让他们自觉成为稻作文化的使者，成为历史与文化记忆的传承者，成为地方知识与技艺的更新者与创造者。

二、稻作社会的物质基础

传统农耕生产方式以人地关系为基础，成为物质生存资料的来源，是社会文化产生的重要依托，培育人们敏锐的时空意识和浓郁的情感世界，在农田的耕作中形成了独具特色的文化形式和社会结构。从物质属性看，土地给予我们生命，文化从土地的生殖力中得到了恩赐，社会实现财富的增量，文明得到滋养。响水农民以稻作为生，依山水而居，地理位置和生存环境孕育出他们繁荣的稻作文化传统。土地、山川、河流中蕴藏着宝贵的物质资源，滋养着黑土中的稻苗，成为响水稻作文化系统得以绵延发展的物质根基。

　　宁安土壤肥沃，水量充沛，适宜水稻生长，稻谷产量占粮食总产量的八到九成，成为稻作文化保存的天选之地。稻谷种植、种子来源和水稻耕种技术的农谚广泛流传，形成传统稻作系统，地方性故事传说把稻作文化与当地文化紧密联系在一起。当代考古发掘和研究也印证了渤海国以来的农业生产和农耕传统，遗址中农业生产用具的发现生动地呈现出他们以经营农业为主的经济生活，丰厚的历史积淀促成了其他知识、文化的诞生和发扬光大。

　　稻作文化产生于农耕生活，表达着对劳动生活的热爱，是民族文化中重要的组成部分。在与周边环境长期适应的过程中，宁安人民还因地制宜种植其他粮食作物和经济作物，自家饲养牲畜，其日常生活安排、文化形式与水稻生长周期息息相关，与自然资源获取、耕作技术和农业产品构成方面具有紧密的联系。农耕文化的内涵丰富，但更多是围绕农耕事宜，秧苗栽插以前人们非常忙碌，插秧到收割有一个缓冲期，收割期开始又繁忙起来，不同阶段的农事活动都融入其社会和文化中，形成了独具特色的稻作传统，并酝酿出多民族相关的风俗和文化活动，为表现农耕时节人们的喜悦之情和浓郁的欢乐气氛而创作并保留下来的重要形式，展现于传统稻作文化各时空脉络中的每个节点。"稻—鱼—鸭共生系统"中独特的稻作生态平衡艺术，是生态系统选择与平衡的产物。宁安朝鲜族喜食稻米，满族擅长抓鱼，稻和鱼都是他们珍贵的礼物，多样化的饮食不仅使农民获得更多的蛋白质，剩余产品还可以拿到市场上交换，逐渐形成适应不同场景生境的物质与文化和谐的稻作文化。

　　宁安响水稻作文化系统的中心区域特有的朝鲜族文化节、流头节等活动的举办都促进了以响水稻作文化系统为核心的地方旅游和文化活动的开展。一方面，稻米的生产和水稻研究基地、博物馆、稻作技艺的展示中心等都为文化遗产和非遗的传承、发展和创新实现了联动性的推动和助力。另一方面，既然稻作文化是当地节庆文化的精华组成部分，那么我们就应该重视当地人的节日习俗和聚会庆典，充分利用祭祀祖先、祈祷平安、欢庆丰收、纪念英雄的各个场合让文化遗产彰显其应有的价值。节日里的姑娘们争芳斗艳、家庭之间劳动和智慧的展示，从青年男女的社交发展到家庭间的合作互惠，再汇集成村落间的凝聚和融合，稻作把整个宁安社会结合起来。

稻作农业是"物质化"的文化样态与社会功能的缩影，在宁安社会之外，响水稻作文化系统的外来访问者更加注重文化体验，因此稻作文化是稻作农业的内核和附加值，在此基础上的市场价值挖掘也是其作为文化遗产和非遗的独有竞争力。另外，从旅游开发的视角出发，稻作农业、稻作技艺、稻作文化的潜在市场价值还可以再升级，把文化遗产和知识作为一种文旅资源，稻作技艺、稻田景观的展示，农田劳动的过程都可以吸引部分游客的目光，如响水村和上官地村中有很多农民与农业企业、旅游业企业合作经营，把观看和亲手体验种稻的劳动和体验过程打造成独特的旅游项目，激发出稻作技艺和稻作文化的新的生命活力。认识文化遗产的文化样态，挖掘并充分利用其社会功能，不断丰富其文化内涵，吸引大众到宁安响水开展系列文旅融合活动，促进乡村文化和社会振兴。

综上，稻作不能忽略其存在的社会基础，从事水稻生产的农民以血缘为纽带，以地缘为结构，由纵向的生育和横向的婚姻形成亲属关系相互交织形成网状结构，人民无论在劳动还是在文化传承过程中都有着不同的权利和义务。小农经济的局限性、民族文化的包容性与乡村社会的互助模式形成天然的联系，互惠本身成为真正有价值的物质和文化资源。伴随着农耕民族以农事、农时为时间表的生活习惯，互助互惠的农户将家户的劳动力转化为社区的共同力量，在节日相关的活动中，在日常的劳动中，其存在和发展都以传统农耕为物质根基，时刻彰显出朝鲜族、满族、汉族等民族的团结、互助的美好生活。

第三节　农业：奢侈还是精品？

奢侈在资本主义的起源时期扮演什么角色，是否有助于资本主义的发展？桑巴特在总结这个问题的讨论时，提出有一点是公认的：奢侈促进了当时将要形成的经济形式，即资本主义经济的发展。经济"进步"的支持者同时也是奢侈的大力倡导者，但他们担心奢侈品的过度消费会损害资本积累。在 17 世纪资本主义制度迅速发展的国家，政府对奢侈采取宽容的态度，几乎都废除了禁止奢侈的法律。在英国，奢侈虽是"邪恶"和"堕落"的，但其对工业、贸易的刺激作用而造福于集体，成为财富的来源。桑巴特认为，奢侈曾从许多方面推动过现代资本主义的发展。比如，贵族的财产主要以债务的形式转移到资产阶级手中，在这一过程中，奢侈扮演着重要的角色。他用历史实证方法来证实奢侈消费的增长对资本主义发展的重要意义。[①]

一、奢侈与农业

中世纪的欧洲，随着对羊毛需求的增长，农场主把部分耕地变成牧场，农业成为资本主义发展的资本来源和直接推动力，以英国的圈地运动为代表，这样的庄园式牧场的扩张是以牺牲自耕农为代价的。这场以大规模的农业资本主义经营为取向的运动一直持续到 18 世纪，创造了资本主义的组织形式，通过减少小型独立农场生产充足粮食所需的土地而促进资本主义工业的发展。与奢侈相联系，指的是纺织工业正是用新建牧场的羊毛为富人制作精致羊毛制品，从而经过诸多途径，对奢侈的需要影响了农产品的改进和农

[①]　参见［德］维尔纳·桑巴特《奢侈与资本主义》，王燕平、侯小河译，上海人民出版社 2005 年版。

业的精细化，使农业收入增加，土地的价值随之提高。[①] 单个商品价值的增长可通过两种不同的方式——集成化和精细化。英国 18 世纪家畜饲养的专门化趋势，也证明消费的日益精细和农业生产技术日益提高。这种现代资本主义精神通过摧毁封建农业结构间接地为资本主义的全面发展铺平道路。

　　欧洲农业在技术和经济上的调整大都是由富裕阶层对奢侈品需求的增长带来的。奢侈品需求和大众需求（比如对谷物的需求）都对农业产生重要影响。到中世纪末，随着意大利城镇的迅速兴起，农业在意大利各处显示出现代特点：充足的资本，使意大利可以充分发展灌溉、沼泽排干、土壤培育及其他改造手段。财富被分散到各个阶层，有助农产品的增加和改进。纺织品商业的繁荣使各种工业用植物的栽培急剧扩大……可见当时在意大利农业中出现的资本主义精神。

　　而在殖民地，奢侈品需求的增长直接创造了大规模的资本主义产业。通过殖民地贸易中的一些代表性商品，可看出欧洲殖民地都从事高级奢侈品的生产，所需要的大量原料，主要是由当地农业生产出来的。如美洲殖民地生产的糖、可可、棉布和咖啡（18 世纪中叶前是一种奢侈品）；东印度群岛殖民地的主要产品香料。可以说，在殖民地，所有的人都为奢侈品贸易而工作，奢侈品都是由完全以资本主义方式经营的大种植园生产的。远离欧洲文明传统的殖民地，首先产生了纯粹的资本主义结构。殖民地的资本主义性质的要素确实十分明显：以营利为目的，经济理性主义，庞大的规模，生产者和工人之间的社会差别，当奢侈品不再是种植园的主要产品，奴隶制强制劳动即被废除，奴隶制与大规模生产密不可分。奢侈品工业更易接受资本主义组织，早期由于生产工序特殊、复杂、原料贵重、生产费用高，同样是拥有资本的人占优势，需要更多的知识、更广的见识和更卓越的管理才能，通过专业分工和联合作业，奢侈品的高水平才能成为现实。奢侈品贸易的市场波动无疑比大众消费品贸易的市场波动要大得多。富人的口味受"时尚"的影

---

① 参见［德］维尔纳·桑巴特《奢侈与资本主义》，王燕平、侯小河译，上海人民出版社 2005 年版，第 190 页。

响而多变，常常导致销售的缩减，产品要不断适应经常变化的需求。桑巴特认为奢侈本身生出了资本主义。① 当然，资本主义工业为新兴的、经济层次更高的工业体制的发展提供了基础，合适的市场是维持这种工业体制的先决条件，奢侈品在市场的流通会经历从奢侈消费到大众消费的过程，对于奢侈品的回顾可以让我们更加明确精细化产品在现代的地位和价值。

二、"精品"的可供性

所有的个人奢侈都是从纯粹的感官快乐中生发的，奢侈形成之后，其他一些动机将进一步推动它发展。富人、有闲阶级、中产阶级对奢侈和财富的看重都能促进这种冲动，对优越地位和对象的渴求，无论是物品数量上的积累还是质量上的高水平，财富或资产的规模、头衔的等级。起初，奢侈以可怕的消费形式出现，被恣意挥霍浪费，表现在铺张、排场和炫耀。家庭奢侈消费大约从 17 世纪初开始出现巨大增长时，桑巴特转而分析厨艺方面精细化的经济后果，并且提出在女人们的影响下普遍发展的精加工和烹饪技艺的大幅度提高，看到了女性化浪潮的兴起与食糖消费间至关重要的联系都是影响资本主义发展的十分明显的因素。当现代性风潮席卷全球，我们对于奢侈的界定发生了变化，经济的上升、社会的发展，奢侈仿佛不再遥不可及，转而成了有产者的标准配置，精品产品成为家庭消费中不可缺少的元素。

作为高品质稻米生产基地，响水稻作无疑从起源时期走的便是精品农业生产之路，成为农业文化遗产后，其市场化、商品化指向更为明确，其稻米再不仅仅是简单的"农产品"。詹姆斯·J. 吉布森（James J. Gibson）认为，"任何事物的可供性是根据某人或物知觉而提供、规定和恭迎的物质及其表征特性的具体组合，尽管只是客观现象，在特定的组合、相对于

---

① 参见［德］维尔纳·桑巴特《奢侈与资本主义》，王燕平、侯小河译，上海人民出版社 2005 年版，第 190 页。

特定的观察者中具有可供性"，可供性包含两个含义：一是在偶然组合中出现的客观特征，二是相对于其他感知和行动实体的属性而存在。① 在任何给定的情况下，物质的属性可能以某种方式用于某些目的，而其他属性可能会被忽略。比如响水稻米，作为农作物，能够填饱肚子，但并不决定你一定要吃它，因为还有其他很多种农产品同样可以填饱肚子，可供选择，人们也可以把响水稻米当作礼品、祭品，用来送人，用来辅助仪式，或者可能根本用不到它。可供性是稻米相对于人类活动的属性，响水稻米的作用是真实存在的，但它不一定会引起人们以任何特定的方式做出反应。可供性研究是一种很有用的方法，可以帮助我们用心理学的相关发现来思考问题，而不必假设这一定会直接导致还原论或决定论。宁安响水水田精品农业的形成和发展是一个漫长的、持续的历程，正如一种文化或社会的变革，总是与相应的可供性（affordance）② 相伴相随，并通过后者获得具体的表达形式。

近几十年的中国经济飞速发展加快了粮食消费结构的转变，随着我国城市化进程加快，人们的物质需求不断得到满足，在通往更美好生活的过程中，不仅要吃得饱，更要吃得好，那么精品农业必须跟上城市经济的发展，对于中国人的重要主食稻米的需求更是逐步倾向于优质。农业文明与现代化的道路也激励着我们推进文化自信自强，坚持中国特色社会主义文化发展道路，增强文化自信，建设社会主义文化强国，发展面向现代化、面向世界、面向未来的，民族的科学的大众的社会主义文化，激发全民族文化创新创造活力，增强实现中华民族伟大复兴的精神力量。

响水传统稻作农业具有较高的艺术与生态价值，其独特的稻作文化体现了宁安人民的智慧、知识和技能，现在仍保留着传统农耕经济形态和以

---

① J.J. Gibson, "The Theory of Affordances", in R. Shaw and J. Bransford, eds., *Perceiving Acting and Knowing Toward an Ecological Psychology*, Hillsdale, NJ: Lawrence Erlbaum, 1977, pp.67–82.

② 可供性（affordance）概念来源于 Webb Keane, "Affordances and Reflexivity in Ethical Life: An Ethnographic Stance", *Anthropological Theory*, Vol.14, No.1, 2014, pp.3–26。

家庭为单位的生产结构与规范化经营的现代化农业紧密结合，稻作作为一种"象征符号"在日常生活、节日仪式庆典中扮演着重要角色。稻米、稻田更是见于农民生活的各个角落，每个人都是稻作体系中的参与者，稻米使处于不同生命阶段的个体以不同身份、方式进入群体交往和人际关系的建构中。农民的社会交往通过集体开展，个人只有合法地存在于某个集体中，才能产生交换与交往。劳动生产组织以家庭和村落为核心，作为集体一员的个体必须通过农业活动，才能找到建立个体、家庭和村庄之间的和谐关系。

汉族人民和少数民族人民在百年来农耕文明的积淀中形成了社会的交换文化，其内涵和根基包含稻作文化。在稻作农业的发展过程中，其文化形式得到了很好的传承，农业依然是农民生活的基础，传统稻作文化的延续和现代社会的发展使土地与农人的关系、物质和文化方式以及群体的结构发生了明显改变。在朝着商品化的市场经济不断转型过程中，农民的经济生活并不算是富足，在产业结构调整后，以农业文化遗产、乡村景观等为特色的旅游文化也成为农民的创收来源。当年轻人外出务工和外面世界发生联结之时，本地人口结构出现了根本性的变化，更不要说稻作传统的生活方式和文化观念，农闲时的休闲方式变化，经济收入和生活水平提高，越来越开阔的视野、多元文化与社会结构的变迁、经济和社会发展带来的冲击让很多人不得不走出原有的土地，到外面的文化环境中谋取生计，外来的力量和权威影响着宁安的民间文化，也在重构响水稻作的人文资源，激发出本土文化的顽强生命力。当然，与原生性的传统比较起来，复归与再造的传统和文化更显世俗而少了些许的神圣性，民间文化和文化资源在各种力量的主导和推动之下产生种种变异，多了些实利主义的内涵。

稻作文化是从广大普通劳动人民和土壤中生发的"大众的文化"，响水稻作及其关联的传统与现代的双重体系是依靠民族的自身力量发展起来的。作为文化资源的民俗文化在漫长的农耕条件下，经过口传心授、言传身教、约定俗成而逐渐形成和发展起来，具有强大的生命力和生存空间。寻找稻作体系的文化根基，提示着我们不仅视物质文化遗产和非物质文化遗产为一种被动的保护对象，更应加以发掘和利用，传承中华优秀传统文化，满足人民日益增长的精神文化需求，使之成为能够服务于民族与文明的文化资源，不断提升国家文化软实力和中华文化影响力。

结 论

一、月亮的另一面：日本文化遗产保护之启示

列维－斯特劳斯对日本及其文化抱有浓厚的兴趣，他于 1977 年第一次到访日本，虽然只能通过法语和英语的译本欣赏日本从古至今的文学作品，但仍然对其艺术和手工业十分着迷，进而思考和认识其文化上的地位以及它们的使用方式。在《日本文化在全世界的地位》①中，他强调文化在本质上是无法比较的，对于一个没有在一种文化中出生、成长，接受教育的人来说，即使掌握这一文化的语言和所有接近它的外在方式，也永远无法触及沉淀在这一文化最深处的精华。遗产研究中的核心问题即知识和文化系统，人们对于某文化的评价究竟是来源于本地人所要面对和检验的文化，还是来源于外在观察者所处的这种文化。人类学可以帮助解决这种困境，在描述和分析那些与观察者自身迥然不同的文化时，如果通过语言把一种知识、心态和观念阐释出来，同时承认这些文化自身不可消除的、独特的东西，我们便能够接近和理解这些文化。

我们从外部审视一种文化，认知上不可避免地会有些残缺，会出现错误的评价，但这些残缺的认知和错误的评价或许仍具价值，这也是批判性遗产研究的题中之义。作为人类学家，从远处观察事物，虽然无法洞察细节，但却可以敏锐地感受到文化中不同层面潜在的或显现的不变的特质，尽管不能从内部认知一种文化，但至少能给当地人提供一幅全貌图，虽然有时仅是一些简单的轮廓，因为这些对于本地人来说，距离太近而无法获得。来自某个具体族群社会或社区的本土概念，有可能逐渐成为共享的共同的知识财富，在某种意义上，这同时也就意味着人类学家的田野调查和研究表述，往往是一个异文化间的文化翻译过程，本研究希望呈现的便是这样一个过程，一个理解知识的过程。

石田梅岩创立的石门心学作为"町人之哲学""道德性实践之实学"，

---

① 这篇讲稿于 1988 年 3 月 9 日在京都的国际日本文化研究中心落成典礼上宣讲，并以日文首度刊登于《日本公论》1988 年 5 月刊，随后刊载于日本《美学期刊》1990 年第 18 期。

阐述"商人之道"，提倡的"正直""俭约"的经济伦理，对日本商品经济和社会职业伦理的发展具有独特的理论贡献，类似马克斯·韦伯提出的资本主义与"新教伦理"之间的关系。对于主体，西方哲学是离心的，所有的一切以主体为出发点。日本思想理解主体的方式则是向心的，将主体置于最末，这是越来越小的社会和职业团体互相结合的方式产生的结果。主体回归现实反映其归属的最终之地。在这种社会结构中，"自我意识"是由参与集体劳动的每一个人的情感来表达的，无论这个人的地位如何卑微。一些我们中国设计的工具，像万用锯或各种刨，在六七个世纪前被日本采用，但其使用方式却截然相反——工匠将工具由外向内拉，而不是向前推，把自己置于终点而非起点。揭示了一种相同的深层的本性：通过外部来定义自身，以自身在家庭、职业团体、特定的地理环境，以及通常是在一个国家和社会中的地位来定义自我。日本翻转了对主体的拒绝，在否定中挖掘出正面效应，从中找到社会组织活力的根源，使得社会组织不受东方宗教形而上学的遁世观、儒家思想的静态社会学，以及西方社会盛行的自我至上的"原子论"的影响。[①]进而，其思想体系在历史上进行过一次完全的颠覆：吸收来自西方体系中适合自己的"理性"的真理和科学知识，使所有的自然现象和文化现象都具备存在的合理性，然后必然会指引它们朝着与我们自身行动类似的方向发展。

日本文化凸显了自己的独特之处，吸收亚洲、欧洲、美国精华的东西，而且时至今日也没有丧失自身的独特性。我们的文明存续时间之久，独特性、价值性自不必说，中国的农业和手工业者自古注意对古老技术的传承，并且非常注重对家庭结构的保护，时至今日仍然保持着这种结构并使其适应各种结构，进而保持并继续发展下去。在留有第一次工业革命前的社会痕迹的地方，我们通过文化遗产可追溯出更久远的时代状态。

文化遗产是在漫长的历史长河中孕育和传承下来的财富，发掘文化遗产

---

① 参见［法］克洛德·列维-斯特劳斯《月亮的另一面：一位人类学家对日本的评论》，于姗译，中国人民大学出版社 2018 年版，第 40—41 页。

中的精华，创造经济效益，为人类现代生活服务。尽力做好自己分内事的积极性以及美好、愉快的意愿是日本人民的重要美德之一，他们在过去的传统和现代的创新之间保持这种珍贵的平衡，不仅为其自身利益，也为全人类做了值得借鉴的范例。日本于 1950 年出台了《文化财保护法》，在世界上第一次提出文化遗产保护和活用的重要性。2018 年，日本再一次修订了《文化财保护法》，并于 2019 年 4 月 1 日开始施行，以应对人口过疏化、少子高龄化等社会状况，防止重要文化遗产的消失、失传，以促进地区文化遗产的计划性保存活用。第一章总则第一条立法的目的是"加强对文化遗产的保存，并充分利用其价值作用，以有助于国民文化素质的提升同时也促进世界文化的进步。特制定本法"①。日本文化财包括国宝、重要文化财、史迹名胜、天然纪念物、无形文化财等，从这些内容可以看出，日本文化遗产保护对象包括物质文化遗产和非物质文化遗产。日本文化遗产的活用大体经历了"公开、普及与教育""应用于城市建设""追求经济效益"三个阶段的变化。20世纪 90 年代中期，地域建设和城市建设在内的综合活用文化遗产的方针还没有出现通过观光、产业振兴来追求经济效果的情况，进入 21 世纪开始，为了追求经济效果，明确了文化遗产的活用方向，特别是在 2010 年左右，文化遗产作为旅游资源伴随着经济效益和产业振兴，发展前景相当广阔。②日本在 20 世纪 50 年代就开始无论是立法、理论与实践，都走在了世界各国非遗保护工作的前列。

日本农业文化遗产依托的乡村社会，农民以田事五谷糊口，以知识技艺修身，深挖稻作文化元素，是再激发乡村文化兴盛的内生动力。知识和认知是由多种文化层结合凝筑而成的，可能是当地本有的文化信仰或知识认知，认同的基础很容易内化为自己的"地方性知识"，知识、记忆、信仰、仪式不仅具有单一的文化内涵，更是通过不断地结合融入大量新的文化元素。在

① 参见日本《文化财保护法》第一章总则第一条立法目的，https://elaws.e-gov.go.jp/document?lawid=325AC0100000214，2022 年 10 月 7 日。

② 参见刘洋、［日］松田阳《经济振兴与日本文化遗产的活用思路》，《文化遗产》2021年第 2 期。

遗产化过程中，农业文化遗产中的各元素都在发生着转换，尤其在进入社会公共领域和现代秩序后，同时被"标准化""规范化"，文化内涵与功能亦发生变化，其重要文化元素可被当作当下社会可借鉴的文化资源。以传统稻作文化、民俗民风助力乡村文明与治理，以风情文化、非遗、节庆吸引外来关注，重塑农耕文化灵魂。以传统农技打造绿色生态农产品品牌，助力农民增收，实现共同富裕，使知识和文化的可持续发展加入了经济这重要一环。

乡村振兴是我国现代化建设的重点，是党的十九大做出的重大决策部署，是党的二十大建设农业强国的精神实质。文化建设是乡村振兴战略的重要组成部分。从几十年来日本文化遗产保护的相关政策来看，最终目的是促进地方经济繁荣，与我国乡村振兴的要求具有一致性，两者最终的目的均是实现经济增长，提高国家文化实力。中华文明根植于农耕，乡村是基本载体，文化遗产厚植于乡村，作为重要的文化、旅游和经济资源，承载着深厚的文化传统，与其相适应的生活方式、价值观念、行为规范都蕴含着蓬勃的生机。借鉴日本文化遗产保护的经验，对我们来说，非常有意义。

二、农业文明与遗产知识体系

著名英国经济学家托尼在 20 世纪 30 年代对中国农业的诊断中，提出不能忽视的是农户的传统小规模经营这一中国农业整体规划需要注意的根本问题。持有小块土地的确是中国乡村的普遍情况，为了满足生活需求，中国农民会采取特殊的农业耕作方法，就是精耕细作以及投入大量的农业技术和手段，但也不是出自耕田人的本能反应，这是数百年农民养成的习惯和知识积累、经验实践的结果，虽然也会经历重大的损失和周期性的失败，但农民别具匠心地创造了一种登峰造极而且难以超越的农业技术，已经使他们手中的土地生产他们所能做到的最大可能的产出了。附加上现代科学技术，我们知道，土地的潜力仍然未能完全发挥出来，但知识的增长和前人的遗产让我们从来不怕任何困难，无论是水涝还是干旱，我们用知识建造的水库、堤坝以及灌溉设施系统可用以纾解这些困难，满足更切实的需要。早在几千年以前，灌溉设施系统的建设已经开始，现在仍然在扩大与延长，由于这些文化遗产的存在，这些地区保持了人口密集和经济繁荣。

在过去的这种农业结构中，农民因为只拥有小块土地，所以不得不从事一种只配称为"园艺的农业耕作"，这是由几个世纪的古老传统锤炼出来的一种"艺术"尊严。^①中国农业的效率值得称道，虽然多是农民个人技巧的成就，不算是什么科学系统的知识体系，但个体与个体之间拼凑出的集合对系统知识的产生无疑起到实质性的激发作用。

相比于西方的后工业革命时代，良好的农业耕作越来越依赖于化学、生物学以及机械发明。中华人民共和国成立以前，中国少数地方的农业耕作知识和方法基本没有受到现代化科技的影响，除东北地区现代性进程中的移民和农场时代开始使用拖拉机外，其他地方几乎极少有使用机械进行农作的情况。的确，传统农业的小规模农田、碎片化土地都使机械无法派上用场，甚至使用畜力的工作却要由农民或其家人来做。中国农民所掌握的知识和所使用的技术，因不同地域不同作物迥然各异。前文已叙，东北地区的近代水田知识的主要来源是移居的朝鲜族，20世纪三四十年代，受日本影响，水田和旱地的农业耕种知识技术有所变化，自成一体。不同时期的农艺呈现出不同的特点，肯定的是，随着知识的渐进积累，农业的操控由地区内的独特技艺不断转变成带有传统意涵和现代化色彩并行的现代农业。

传统农业中有效地保持土地肥效的方法也不是使用人工肥料，而是将动物、植物和人类的废弃物储存起来用以追加土壤的肥力，把废弃物跟土壤拌在一起，追施到田地里这种循环法，再加上合理和系统的灌溉，使土地的生产力日渐提高。就水稻这种最能体现中国传统耕作方法优越性的作物来说，平均产量一直高得惊人，不过，如果与中华人民共和国成立前就已经普及应用现代科学来种植水稻如日本的水稻产量相比，产量还不够高，而且由于人

① 参见［英］理查德·H. 托尼《中国的土地和劳动》，安佳译，商务印书馆2014年版，第42页。

口密度大，人均产量一直较低，繁荣应该是"人"的繁荣，而不是"土地"的繁荣，决定农业人口生活标准的应该是人均产量而不是每一亩地的平均产量。[①]农民不仅耕种还须为自己的农业活动寻找市场。在现代化农场中，核心问题是工资契约，在响水稻作农业社会里，小家庭自营与"订单农业"占主导地位。大中型农场通过龙头企业等的资金注入完成规模经营，使农民成为农场的契约工人。家庭的小规模自营中，家庭也绝不再是自给自足的单位，家庭消费的四分之三都是通过外出购买而来，生产是为了市场出售。由于响水稻的优质价值，附加值高的精品稻米拿到市场上出售能够获得更高的经济收益。

农业是一种知识，一门技艺，一份经营，也是一种生活方式，包括知识技术，也包括金融和商业、文化和社会问题。高度熟练地掌握知识和这门技艺的农民往往对日常事务细节的精巧驾驭具有非常高的效率，几个世纪的传承虽然使技术尽善尽美但也束缚了他们前进的脚步，需要科学的农业知识和技术，如选种育种方法、栽培技术、翻耕土地、排水灌溉、除草方法、药肥施用等为其最新进步提供应有的刺激。重视利用科学资源来补充自己令人钦佩的农业知识技巧和倾心投入的劳动，是重要农业文化遗产的传承性和创新性的体现。

农业文化遗产以农业生产为基础，与生产有关的工具、水利设施、农田耕作、技艺技术等都是农业文化遗产的重要物化表现。田园风貌、水利灌溉、村落景观、节庆节日、传统技艺、民俗文化、社会关系等构成了农业文化遗产的文化灵魂，稻作文化作为中华农耕文化之源，是精深系统的知识文化，传统稻作于中国而言地位很高，我国众多农业文化遗产中涉及稻作文化遗产的占比不小，要充分发挥农业文化遗产的文化功能。农业知识是一个不断发展且持续平衡的过程，和农村文化遗产的保护以及农村社会的现代化变迁紧密联系，而传统稻作文化的发展，是传承农耕文化实现乡村文化振兴的

---

① 参见［英］理查德·H.托尼《中国的土地和劳动》，安佳译，商务印书馆 2014 年版，第 46 页。

重要途径。

三、知识社会学与文化论对遗产研究的反思

非物质文化遗产是指各族人民世代相承的、与群众生活密切相关的各种传统文化表现形式，如民俗活动、表演艺术、传统知识和技能，与之相关的器具、实物、手工制品等，以及文化空间，范围包括：口头传统，以及作为文化载体的语言；传统表演艺术，包括戏曲、音乐、舞蹈、曲艺、杂技等；民俗活动、礼仪、节庆；有关自然界和宇宙的民间传统知识和实践；传统手工艺技能；与上述表现形式相关的文化空间。

文化不是孤立的，因而不会是静止的，是一定经历传统进而与现代性结合，继续存在于现代社会，传统是现代发展的基础和根基，为从过去继承下来的文化遗产赋予新内容并进行再创造。遗产不能脱离时代而自行发展，我们重视遗产研究也是恢复对知识和传统及其价值的尊重，在旧的图式基础上完成新的创造，这是动态的和不断向前发展的。

对现代知识的反思增进了人们对于文化和传统的认识，遗产开始成为文化和"资源"，为社会服务，文化资本、知识资本都与人文资源有着密切的关系。通过人文资源的意涵，即人工的制品包括人类活动所产生的物质产品和精神产品，是人类从最早的文明一点一点地积累、延续和建造起来的，它是人类的文化、历史和艺术，是我们老祖宗留给我们的财富，这种遗产与人文资源之间关系极为密切。

国内人类学社会学最早谈到知识社会学的是燕京学派。燕京学派对知识社会学的研究是以关注曼海姆开始的，吴文藻沿着曼海姆的路径，张东荪将知识的社会性与社会本体论区分开，认为知识可成为集体意识，社会来源于知识，而费孝通从在曼海姆与韦伯之间摇摆到晚年对"心"的关注而重新接近张东荪，李安宅的研究则从张东荪走向了韦伯。

吴文藻将"知识"概念扩展为与"文化"范畴大致相同的含义，"文化

三因子"结合了知识社会学和功能主义文化观。吴文藻的"功能主义"指的是文化三因子——物质、社会与精神的相互关系。精神需要借助物质和社会才能发生变化，三者共同推动文化变迁，推动力源于知识，对物的利用产生的科学知识与技术，社会原生的动力来自伦理、宗教、艺术等制度对社会风俗与法律的规定。若要说明文化变迁的动力与过程，须借助知识社会学。社会和精神越发达，越可能超越基于地方风俗和家族组织的松散联合，造就一个以国家为主体的民族精神，本质即黑格尔意义上的民族国家。这种启蒙理性带来的现代化使各种宗教的知识论退居次要地位，道德观念越来越理性。① 在三因子的链条中，社会为核心，文化总量是集体的知识总和。曼海姆关注的是社会与意识形态之间的关系，知识分子常受其所处社会地位和意识形态的影响，个体思想也会反过来影响社会。实践是知识和科学知识的来源和修改的途径，社会制度是社会变革的第一推动力。不同于吴文藻的依赖社会本体论，费孝通认为知识分化的根本冲突在于价值观，对绅士的研究表明绅士作为伦理担纲者，承担着团体组织的功能，因此国家整合需要同时依靠制度和知识分子，能够有效推动基层社会现代化的可能是那些出身本地、熟悉乡土情况并能回到乡土的知识分子，也是他进而提出的"双轨政治"。现代知识、现代技术输入乡村社会，知识分子下乡，经历着知识论上的变革。知识具有独立性，有其自身发展的动力，知识与知识人之间的关系促进了社会的演化；知识体系具有混杂性，其原则和结构的相关讨论引发"多元一体"和"文化自觉"的思考。

1934 年，吴文藻在《德国的系统社会学派》中提及曼海姆的知识社会学是一支新的社会学取向，认为曼海姆继承了其导师齐美尔关于社会互动的观点，一方面要把握整体的社会现象，从"观念"入手，关注情感和心理；另一方面则要深入日常生活的经验事实，即侧重人与人之间相互作用的方式，关注行动模型是适应、分离还是冲突等；曼海姆《意识形态与乌托邦：

---

① 参见吴文藻《论文化表格》，载《吴文藻人类学社会学研究文集》，民族出版社 1990 年版，第 210—211 页。

知识社会学引论》出版后，1937 年，费孝通将"知识社会学"翻译成"思想社会学"，指出知识论与社会情境之间存在复杂的互动关系，认为应该借助知识社会学的路径建立一种对思想与社会进行综合研究的历史和涉及价值的方法。李安宅翻译了曼海姆该书英文版的第五编，以《孟汉论知识社会学》为题发表于 1938 年 6 月出版的《社会学界》第十卷，并附以张东荪的《思想言语与文化》一文。吴文藻将李安宅翻译的曼海姆《意识形态与乌托邦：知识社会学引论》第五编引用到《论文化表格》（1938 年）一文中，在此基础上明确功能主义和边政学的方向，开始形成燕京学派整体研究格局的雏形。①

　　燕京学派的费孝通、李安宅、田汝康、瞿同祖等人从仅仅对曼海姆知识社会学的引介转向理论与经验相结合的研究，吴文藻代表的燕京学派与张东荪代表的哲学思想界显示出对西方知识社会学的同时关注。张东荪对曼海姆的知识社会学做了批评性的解读，还在其基础上尝试建立自己的知识社会学理论。张东荪不同于曼海姆所讨论的知识范围是社会上流行和表现出来的具体思想，比如某学说、某主义，然后分析其中的社会关系，他本人所理解的知识包括具体思想所涉及的观念范畴，讨论的"知识"概念是在与文化、生命交互下形成的。借由知识的堆积，人们才可理解"活着"的生命状态，才能赋予存在以价值，因而知识本身就是价值所在。② 当知识朝同一方向堆积，便逐渐显出共同性，成为集合的知识，在这个意义上，它就是文化，文化与社会实为一体两面。③ 他赋予知识以前所未有的独立地位，注重一个民族有历史性的那些东西，比如传说、制度、民俗、语言和时代精神等，以及这些历史因素对于当下人们精神的不自觉影响。④ 李安宅称张东荪为"师"，1929 年李安宅在吴文藻的帮助下，申请到了去美国读人类学的机会，归国

①　参见杨清媚《"燕京学派"的知识社会学思想及其应用：围绕吴文藻、费孝通、李安宅展开的比较研究》，《社会》2015 年第 4 期。
②　参见张东荪《知识与文化》，岳麓书社 2011 年版，第 47 页。
③　参见张东荪《知识与文化》，岳麓书社 2011 年版，第 4 页。
④　参见张东荪《知识与文化》，岳麓书社 2011 年版，第 109—110 页。

后，李安宅在曼海姆知识社会学的引进、边政学等方面做了许多工作，张东荪将他带到知识社会学的理论研究路径上来。基于拉卜楞寺调查的知识史研究之《藏族宗教史之实地研究》将藏传佛教作为一套知识系统，是用知识社会学方法完成的民族志，突破了曼海姆，而转向了马克斯·韦伯关于知识的论述，另外，受美国文化人类学的影响，知识作为一套符号体系来塑造秩序。[1]田汝康的《芒市边民的摆》更是几乎同时期燕京学派的基于知识社会学的经验研究成果。1948年，费孝通的《皇权与绅权》成为燕京学派的知识社会学研究的尾声。[2]

燕京学派的知识社会学帮助开拓出社区研究、边疆研究等对中国整体格局的关注视角。在对文化遗产研究关注的热潮中，知识社会学对于知识体系结构以及知识结构和建设现代化社会的联系、不同知识社会系统的比较研究等都能够提供长久的启发。

人们在实践基础上产生的，有关内外部世界的认识、体验，以及群体或个体的经验是知识，泛指文化产物，包括一般观念、宗教、伦理、观念、法律、哲学、科学、技术等。对知识的界定与人们对知识理解的方式有关，科学、人文和实践的理解都成立，对主体性和客体性以及知识意义的理论追求，抑或是把日常生活中以风俗、习惯、信念和传统等常识看作知识。

"社会生活本身归根结底是一切社会知识的来源"[3]，对于从改造社会出发而追求科学的社会知识的人来说非常有吸引力，开启了中国实地观察和体验的"社区调查"研究。自马林诺夫斯基的文化论划分出文化的四个方面，即物资设备、精神文化、语言和社会组织，就如泰勒所说的文化是个"复合的整体"，的确，文化需要物质基础，人文世界是用自然世界的物质为资料而塑造成的，但文化不仅仅是物质的设备，还要看到它有知识、宗

---

① 参见李安宅《藏族宗教史之实地研究》，上海人民出版社2005年版。
② 参见杨清媚《"燕京学派"的知识社会学思想及其应用：围绕吴文藻、费孝通、李安宅展开的比较研究》，《社会》2015年第4期。
③ 参见费孝通《迈向人民的人类学》，载《论人类学与文化自觉》，华夏出版社2004年版，第13页。

教、法律、伦理规则等精神的方面，此外还有语言和社会组织同时配合在起作用。①

把文化看作满足人类生活需要的人工体系，文化是为人们生活服务的体系，人是体，文化是用，体用分明，在人本主义的文化论、方法论上针对遗俗（survival）说（所谓遗俗，通过遗俗去推想其原来的意义甚至社会性质，以重构历史发展阶段）。虽然人类学的文化论指现实生活中才能理解文化的功能，但并不反对研究文化的历史，也不会否认历史对文化的作用，反对的只是凭空臆造的历史，因为文化是人类历史的遗业，每代人都继承了前人所创造的文化，文化遗产是历史和文化最真实的外在表现形式。

文化是有历史的，历史发展是前后衔接的过程，知识也在经历着前后不同的变迁，人类学的贡献在于把文化密切地和人的生活挂上了钩，文化功能主义更看重文化满足生活需要的功用。虽然人类学家调查的西太平洋小岛上的土人在耕种田地时，会一贯地按传统的知识，不失农时地栽秧、施肥、收割，从不妄想不劳而获，但面对农业的自然灾害时，他们诉诸求神而不像现代农民想办法解决，这便是新社会经历旧社会后产生的知识变迁，而先人留给我们的文化遗产以物质和非物质的状态延续下来，在不同人际大网络和历史变化中，无论是农村社区还是作为集散中心的市镇把分散的许多农村和乡镇联系了起来。正如响水稻作文化核心区域的社会和文化内容可以说是从水田农业和边疆农村的基础上发展出来的，对农业文化遗产的研究不能忘记它是有许多方面和本社区之外的世界相联系的，集中注意力在本区域自身，在文化遗产的辐射范围内观察到居民生活和社会的各方面活动，并把本区域和外界的关系弄清楚进而概括此地的人文世界和文化范畴。

人类学自 19 世纪末和 20 世纪初开始从事跨文化和多元文化的保护和记录工作，旨在保护那些迅速消失着的文化知识。人类学家弗思说："在世界上很多地方，一位老人的过世同时也带走了一些永远无法代替的知识。"深

---

① 参见费孝通《迈向人民的人类学》，载《论人类学与文化自觉》，华夏出版社 2004 年版，第 54 页。

入田野去寻找不同文化的资料，因为只有依据这些即将面临消失的知识，收集所有可得到的经验材料，才能对社会和文化进行更深刻的反思。由于他们抢救和记录的这些多元化的地方性知识，就是今天的各类文化遗产，因此人类学的知识和方法仍然是遗产研究最有效和最科学的方法之一。

知识领域的差异实际就是文化间的差异，文化遗产是每个文明原生性的文化，作为国家文化建设与文化发展的基点，文化遗产的保护是现代社会中兴起的一种新的民族复兴运动，反之，借助现代知识和技术复兴自身的传统文化。历史经验创造了人们对复兴的期望，复兴是以知识和经验的残渣重新建构出来的，我们今天能看到很多文化遗产，便是后来复兴并在原有的经验中重建出来的，并非原始的状态。

文化遗产作为传统文化体系是由一个民族的发展沿袭而来，只有站在一条动态的时间轴上，了解一种文化要从了解它的历史开始，才可以理解当下所要研究问题的意义。历史文献和文物让我们可以直观地看到遗产的来龙去脉，只有把文化遗产放在历史解释维度里，才能清楚其所蕴含的真正意义和价值。

族群文化从不是一份被消极接受的来自过去的遗产，而是体现着共同体成员的创造性参与，如果没有可供加工的文化遗产，人们的价值也就无从体现。文化遗产是为了维持和延续文化的生存并使其得到充分表达而存在的。遗产作为可以让人参与其中的并进行再生产的具有创造力之物，不是让人被动接受的静态品。当代发展需要文化遗产，尤其是可以代表当地文化和精神的知识和遗产作为根基。这一系统是一个由各个规模和程度不同的组织单位结合而成的精密网络，不只是表面上看来的知识的静态集合，实际上个体无时无刻不参与其间并具有交往性质，是重新促动和创造性的再确认。文化遗产是历史上和当代社会的人们共同积极参与的知识体系，受到社会中各种力量的共同作用和各种群体的相互推动，不仅是过去社会的遗留，还是可触摸、不停生长与发展的标志。

文化遗产的动态性意味着它与历史、现代、未来发展有关，后现代社会增进了人们对于文化和传统的认识，在这样的认识基础上，遗产开始成为知识和资源，是未来社会政治、文化、经济发展的基础。

当代全球知识社会最大的转变就是经济资本转向知识资本，经济开始与文化有关，文化也成为经济的一部分。自然资源转向人文资源发掘，人文资源的开发是一种共享型的开发，可以减少对自然的破坏，增进知识的储量，是一种面向未来性的绿色可持续的知识社会发展模式，也让每个国家、地区和社会的知识系统能够适时接入整个世界的知识体系。许多的传统文化本身具有良好的生态性，遗产保护和生态保护天然地具有某种密切关联性。无论是遗产保护还是文化自觉、文化自信、民族传统文化的复兴等战略，都为寻找一条绿色的、可持续的中国式现代化道路做好服务，这是符合人类共同发展的道路和适合当下现实状况的国家策略。

"把种子埋进土里！"林耀华先生对乡村现代化的期许和根植于文化土壤的期待，激励着我们保护农业文化遗产，保持我们自身文明的独特性，使历史的知识插上未来想象的翅膀。

附 录

附录一 · 大事记

698—926 年

渤海国农业兴起。铁器已被广泛应用到农业、手工业、军事、营造和日常生活的各个方面。

19 世纪末—20 世纪初

东北北部地区的大批朝鲜移民开始水田生产。

1910 年

改绥芬府为宁安府，始有宁安之称。刘润滋任知府。

1912 年

王十老在镜泊湖城墙砬子古城内挖出古铜印一颗，印文为"忽汗州兼三王大都督"，为渤海官印。

1913 年

宁安府改为宁安县，隶属吉林省延吉道管辖，知府文锦改任县知事。

1916 年

建立宁安县农会，孙彦卿为会长。

1919 年

镜泊湖渔业公司执事梁昆山，在镜泊湖瀑布下游城子后山城遗址挖得铜印一颗，长宽各 2.2 寸。印文为"吊同圭阿邻谋克之印"。

1927 年

成立宁安县农事试验场，分农事试验部，花卉、蔬菜试验部，苗圃及水田试验部。场长陈达礼。

1937 年

牡丹江特别区从宁安县划出，设牡丹江省，宁安县划归牡丹江省管辖。

伪满"政府"发布"农业基本政策法令"，稻米、小麦、面粉、大豆、棉花等农业产品由伪"政府"控制，各私人粮栈，合并为粮食组合。

日伪当局先后共建 158 个"集团部落"。全县农民绝大部分迁入"集团部落"。

伪拓殖会社（日本统治者收买土地的机构），进一步强制收买农民土地。

1938 年

伪满"政府"发布"米谷统制法"，禁止私人买卖粮谷，居民按定量持配给台账到指定的粮谷配给店购粮。配给等级分日系、准日系、鲜系、准鲜系、满系五等。

农事合作社和金融合作社合并，改为兴农合作社，主要村建立分社。

1945 年

宁安县境内的日本侵略军全部被肃清，全境解放。

1946 年

县内全面开展了反奸清算、减租减息和分配敌伪占用的土地的运动。

牡丹江专员公署对分到敌伪土地的农民发给土地执照。

1948 年

全县土地改革运动结束。

全县农村开展大办冬学，掀起群众性的学文化热潮。

1949 年

宁安县民主政府改称宁安县人民政府，仍归松江省管辖。

牡丹江企业公司第一酒厂，从今渤海镇迁移至宁安镇原义发源烧锅，改名为国营宁安酒厂。

1950 年

农村开展互助合作运动，全县有 13635 户农民参加季节、常年等互助组，并开始推广新式马拉农具。

1951 年

接收安置近 7000 名朝鲜难民到农村参加生产。建立中、初等两个学院安置 800 名朝鲜孤儿就学。

1952 年

在宁安县东京城于家村建立第一个初级农业生产合作社，称镜升合作社，主任郑福禄。

1953 年

宁安县开始执行国家对粮食统购统销政策。城镇实行粮食定量供应，农村实行定产、定购、定销。

全县范围内，宣传与贯彻党在过渡时期总路线运动，即"在一个相当长的时期内，逐步实现国家的社会主义工业化，并逐步实现国家对农业、对手工业和对资本主义工商业的社会主义改造"。

全县开始使用化肥。

在宁安县东京城（今渤海镇）建立第一个农村信用合作社。

1954 年

松江省与黑龙江省合并，宁安县隶属黑龙江省。

在全县推广小麦农林 29 号和水稻白毛等优良品种。

1955 年

全县有 12209 户农民参加 337 个初级农业生产合作社和一个高级农业生产合作社，有 14615 户农民参加 1074 个互助组。占全县总农户的 99.1%。建立劳动统一招收和调配制度。

1956 年

全县完成了对农业手工业和资本主义工商业的社会主义改造任务。农村建立 181 个高级农业生产合作社，参加农户 29066 户，占全县总农户的 98.6%。

宁安县划归牡丹江专区领导。同时撤销海林县，将海林县的海林、石河、山市、横道河子、新安、长汀等区、镇划归宁安县管辖。

宁安县供销合作社联合社改称为宁安县供销合作社。

建立东京城水产示范养殖场，开始人工养鱼。

全县农村实行粮食征购一定三年不变的政策。

1957 年

县第二文化馆在南湖头莺歌岭发现原始社会新石器时代文化遗址。

1958 年

全县城乡宣传党的社会主义建设总路线，即"鼓足干劲、力争上游，多快好省地建设社会主义"。

开始水利建设，兴修水库。

建成泼雪泉第一水源地，部分居民开始用上自来水。

建立渤海南大庙和上京龙泉府遗址游览区。

县国营拖拉机站下放给生产大队，实行依靠集体经济办农业机械化。

1959 年

黑龙江省博物馆在渤海国上京龙泉府遗址发现早期铁器时代文化遗存牛场遗址。

1960 年

建立宁安县计量检定所和农业科学研究所。

宣传贯彻《1956 年到 1967 年全国农业发展纲要》。

开始贯彻毛主席提出的农业"八字宪法"（水、肥、土、种、密、工、管、保）。

开始人工养鹿取茸。

1961 年

国务院公布渤海上京龙泉府遗址为全国重点文物保护单位。

1963 年

宁安县博物馆迁至渤海镇，改为宁安县文物管理所。

1964 年

中朝联合考古队到牛场古城址、三灵公社南阳古墓群址、渤海国上京龙泉府遗址进行考古挖掘。

1970 年

宁安县化肥厂建成。

宣传贯彻全国北方地区农业会议精神，进一步开展"农业学大寨"运动。

渤海镇开始饮用自来水。

1971年

对全县农村粮食征购一定三年改为一定五年。

1973年

宁安镇内开始铺设水泥路。

县内三镇（宁安、东京城、渤海）主要街道两旁开始绿化。

1975年

在渤海镇土台子村东南侧发现唐代渤海时期的"舍利函"，为黑龙江省文物考古工作的重大发现。

1980年

成立宁安县人民政府，镜泊湖成立风景名胜区管理局，管理范围含镜泊湖湖面、火山口国家森林公园及渤海国遗址等区域。

1981年

宁安酒厂生产的泼雪泉白酒和陶瓷一厂生产的古塔牌大缸，被评为省级地方优质产品。

召开三级干部会议，传达全国农业工作会议精神，讨论落实农业生产责任制。

全县第一次用塑料地膜覆盖西瓜成功，成熟期提前7—10天。

1982年

国务院首批审定镜泊湖晋升为国家级风景名胜自然保护区。

1985年

省文管会在渤海镇建立渤海国上京龙泉府遗址博物馆。

全县农村实行粮食合同定购制，农户完成合同规定的任务后，余粮可以自行处理。

1986 年

兴隆寺被公布为第二批黑龙江省文物保护单位。

1992 年

响水大米在首届中国国际农业博览会上获得"名牌产品"称号，后连续三届蝉联"中国农业博览会金奖"。

1993 年

宁安县改为县级市，为牡丹江市管辖，火山口森林公园被批准为国家级森林公园。

1997 年

黑龙江省文物考古研究所和牡丹江文物管理站联合对渤海国上京龙泉府遗址内的 11 号街路、内城东垣南段进行了钻探及清理，对御花园东夹墙南段和外城北垣 11 号门址进行了发掘。同时对上京宫城西侧白庙子村内修路发现的舍利函埋藏地点进行了抢救性清理。后对遗址外城正北门、第二宫殿基址、第三宫殿基址进行发掘。

1998 年

渤海镇被黑龙江省委评为省级文明镇。

1999 年

莺歌岭遗址被公布为第 4 批黑龙江省文物保护单位。

2001 年

成立黑龙江省镜泊湖风景名胜区自然保护区管理委员会，隶属牡丹江市人民政府，并被中央文明委、建设部、国家旅游局评为文明风景旅游示范点。

2002 年

渤海镇被命名为国家级文明村镇建设先进镇。

2004 年

渤海镇被中央文明办命名为国家级文明镇。

2005 年

渤海镇上榜第一届全国文明村镇名单。

2007 年

国家质检总局批准对响水大米实施地理标志产品保护。

2011 年

响水米工业园项目主体建设竣工。园区内建成水稻加工区、水稻仓储区等 5 个功能区，是集大米、米糠油及附属产品深加工和科研、旅游参观于一体的响水米高端产品加工基地。获得国家生态建设示范区之"全国环境优美乡镇"称号。

宁安市制订出台的响水大米地方标准经省质监局批准发布，详细制订了水稻种植管理相关的技术规范，对水稻的土壤条件、种苗培育、种植、田间管理、施肥、病虫害防治、收割和贮藏等提出了具体的要求，为响水大米的规模化、产业化种植创造了条件。

2012 年

宁安市提出加快响水米产业化发展和响水小城镇化建设新思路，按照"稻米公园 + 旅游文化名镇 + 高端米产业"模式，实现"五化四区"的目标，把响水小镇建成为一业带动、多业支撑的镜泊湖畔宜居宜业宜游的特色旅游区。

为展示响水米文化精髓，再现千年贡米神韵，打响"响水"国宴用米品牌，推动文化旅游和优质稻米产业升级，开发建设了渤海稻作文化主题公园。

渤海镇内一街两路完成景观改造，普查镇内沿街建筑、业户和一镇四村的建筑物以及上京新城（莲花）区域、响水区域、杏山区域的建筑物和土地利用现状。

2014 年

渤海镇被七部委确定为全国重点镇。

2015 年

搭建响水大米的"身份"追溯体系——智慧农业信息平台。建立农产品质量安全视频监控系统、响水大米地理标志保护产品防伪查询系统、便民查询体系。

2016 年

宁安响水稻作文化系统入选第三批中国重要农业文化遗产。

渤海镇被住房和城乡建设部认定为第一批中国特色小镇。

2018 年

宁安市渤海镇小朱家村获"全国文明村镇"称号。

2019 年

"响水大米"入选中国农业品牌目录。

2021 年

渤海国上京龙泉府遗址入选全国"百年百大考古发现"。

全国乡村旅游现场会上，宁安市渤海镇光荣接受"全国乡村旅游重点镇（乡）"授牌。在玄武湖农业公园原有基础上，打造了展现唐渤海国时期文化和建筑风格的仿上京城、展示石板大米种植历史及技艺的稻作文化展示馆，设立乡村振兴"最强大脑"——清华大学工作站，以及具有鲜明地域特色的上官民宿。

2022 年

遏制秸秆露天焚烧行为，壮大村集体经济，增强村级组织"造血"功能，推动农民持续增收。

完成响水稻米核心产区 8 万亩、辐射区 24 万亩水田的产业化经营，产业规模达到 200 亿元。

附录二·全球重要农业文化遗产（GIAHS）项目保护试点

2002 年 8 月，联合国粮农组织（FAO）、联合国开发计划署（UNDP）、全球环境基金（GEF）和联合国教科文组织（UNESCO）、国际文化遗产保护与修复研究中心（ICCROM）、国际自然与自然资源保护同盟（IUCN）、联合国大学（UNU）等 10 多个国际组织或机构以及一些地方政府，启动了"全球重要农业遗产系统"（Globally Important Agricultural Heritage Systems, GIAHS）保护和适应性管理项目工作。2005 年，联合国粮农组织在 6 个国家选择了 5 个不同类型的传统农业系统作为首批保护试点。截至 2014 年 4 月，已在中国、秘鲁、智利、印度、日本、韩国、菲律宾、阿尔及利亚、摩洛哥、突尼斯、肯尼亚、坦桑尼亚和伊朗 13 个国家选出具有典型性和代表性的 31 项传统农业系统作为试点，它们被全球视为创新、可持续发展和适应的典范。

青田稻鱼共生农业系统（中国，2005 年）

智鲁岛屿农业系统（智利，2005 年）

安第斯高原农业系统（秘鲁，2005 年）

伊富高稻作梯田农业系统（菲律宾，2005 年）

埃尔韦德绿洲农业系统（阿尔及利亚，2005 年）

加夫萨绿洲农业系统（突尼斯，2005 年）

卡贾多马赛草原游牧系统（肯尼亚，2008 年）

恩戈罗马赛草原游牧系统（坦桑尼亚，2008 年）

基哈巴农林复合系统（坦桑尼亚，2008 年）

红河哈尼稻作梯田系统（中国，2010 年）

万年稻作文化系统（中国，2010 年）

从江侗乡稻鱼鸭复合系统（中国贵州，2011 年）

克什米尔藏红花种植系统（印度，2011 年）

能登半岛"里山、里海"景观生态系统（日本，2011 年）

佐渡岛稻田—朱鹮共生系统（日本，2011 年）

阿特拉斯山脉绿洲农业系统（摩洛哥，2011 年）

普洱古茶园与茶文化系统（中国，2012 年）

敖汉旱作农业系统（中国，2012 年）

科拉普特传统农业系统（印度，2012 年）

宣化城市传统葡萄园（中国，2013 年）

绍兴传统香榧群落（中国，2013 年）

库塔纳德海平面下农耕文化系统（印度，2013 年）

熊本县阿苏可持续草地农业系统（日本，2013 年）

静冈县传统茶—草复合系统（日本，2013 年）

大分县国东半岛林—农—渔复合系统（日本，2013 年）

兴化垛田传统农业系统（中国，2014 年）

福州茉莉花种植与茶文化系统（中国，2014 年）

佳县古枣园系统（中国，2014 年）

济州岛石墙农业系统（韩国，2014 年）

青山岛传统灌溉梯田（韩国，2014 年）

伊斯法罕省卡尚坎儿井灌溉系统（伊朗，2014 年）

附录三·我国入选全球重要农业文化遗产项目清单及简介

项目名称	入选时间（年）	所在地区
浙江青田稻鱼共生系统	2005	浙江
江西万年稻作文化系统	2010	江西
云南红河哈尼稻作梯田系统	2010	云南
贵州从江侗乡稻鱼鸭系统	2011	贵州
云南普洱古茶园与茶文化系统	2012	云南
内蒙古敖汉旱作农业系统	2012	内蒙古
浙江绍兴会稽山古香榧群	2013	浙江
河北宣化城市传统葡萄园	2013	河北
福建福州茉莉花种植与茶文化系统	2014	福建
江苏兴化垛田传统农业系统	2014	江苏
陕西佳县古枣园	2014	陕西
甘肃迭部扎尕那农林牧复合系统	2018	甘肃
浙江湖州桑基鱼塘系统	2018	浙江
中国南方稻作梯田	2018	广西、福建、江西、湖南
山东夏津黄河故道古桑树群	2018	山东
福建安溪铁观音茶文化系统	2022	福建
内蒙古阿鲁科尔沁草原游牧系统	2022	内蒙古
河北涉县旱作石堰梯田系统	2022	河北

参考文献

一、专著

徐大宣：《东三省水稻及其耕作法》，东北新建设杂志社 1930 年版。

杨宾撰：《柳边纪略》，商务印书馆 1936 年版。

吉林省农业科学院主编：《东北水稻栽培》，吉林人民出版社 1964 年版。

《辽史·太祖本纪》，中华书局 1974 年版。

《新唐书·渤海传》，中华书局 1975 年版。

《旧唐书·渤海靺鞨传》，中华书局 1975 年版。

何万云等：《黑龙江土壤》，中国农业出版社 1980 年版。

中国科学院林业土壤研究所主编：《中国东北土壤》，科学出版社 1980 年版。

石声汉：《中国农业遗产要略》，农业出版社 1981 年版。

邹文荣等：《农田灌溉与排水》，中国农业出版社 1982 年版。

王魁喜：《近代东北史》，黑龙江人民出版社 1984 年版。

周毓珩等：《水稻栽培》，辽宁科学技术出版社 1985 年版。

傅英仁搜集整理：《满族神话故事》，北方文艺出版社 1985 年版。

孙玉亭等：《黑龙江省农业气候资源及其利用》，气象出版社 1986 年版。

李世奎等：《中国农业气候资源和农业气候区划》，科学出版社 1988 年版。

徐基述、徐明勋：《黑龙江朝鲜民族》，黑龙江朝鲜民族出版社 1988 年版。

龚绍先：《粮食作物与气象》，北京农业大学出版社 1988 年版。

权宁朝：《黑龙江省近代水田开发与朝鲜民族》，载《中国东北地区经济史专题国际学术会议文集》，学苑出版社 1989 年版。

赵志辉主编：《满族文学史》，沈阳出版社 1989 年版。

衣保中：《东北农业近代化研究》，吉林文史出版社 1990 年版。

戴莫安：《水稻高产综合栽培技术》，黑龙江科学技术出版社 1990 年版。

吴文藻：《论文化表格》，载《吴文藻人类学社会学研究文集》，民族出版社1990年版。

张矢、徐一戎：《寒地稻作》，黑龙江科学技术出版社1990年版。

巫伯舜、王强：《稻作新观念》，中国农业出版社1991年版。

王樟土、吴吉人：《北方农垦稻作》，辽宁科学技术出版社1992年版。

杨昭全、李铁环：《东北地区朝鲜人革命斗争资料汇编》，辽宁民族出版社1992年版。

信乃诠等：《气候变化与作物产量》，中国农业科技出版社1992年版。

刘后利：《作物育种研究与进展》，中国农业出版社1993年版。

孙岩松：《黑龙江稻作资源》，中国农业出版社1993年版。

申廷秀、李振民：《水稻超高产栽培技术》，中国农业出版社1993年版。

陈温福：《水稻高产育种生理基础》，辽宁科学技术出版社1995年版。

杨圣敏：《坎儿井的起源、传播与吐鲁番的坎儿井文化》，载周伟洲主编《西北民族论丛（第一辑）》，中国社会科学出版社1996年版。

宋太庆：《知识革命论》，贵州民族出版社1996年版。

中国社会科学院考古研究所编著：《六顶山与渤海镇》，中国大百科全书出版社1997年版。

费孝通：《乡土中国　生育制度》，北京大学出版社1998年版。

费孝通：《皇权与绅权》，载《费孝通文集·第五卷》，群言出版社1999年版。

郭强：《现代知识社会学》，中国社会出版社2000年版。

满汝毅：《宁古塔流人》，黑龙江人民出版社2003年版。

费孝通：《迈向人民的人类学》，载《论人类学与文化自觉》，华夏出版社2004年版。

李安宅：《藏族宗教史之实地研究》，上海人民出版社2005年版。

程式华、李建等：《现代中国水稻》，金盾出版社2007年版。

张亚辉：《水德配天：一个晋中水利社会的历史与道德》，民族出版社2008

年版。

方福平：《中国水稻生产发展问题研究》，中国农业出版社 2009 年版。

于春英、衣保中：《近代东北农业历史的变迁（1860—1945）》，吉林大学出版社 2009 年版。

万建民：《中国水稻遗传育种与品种系谱》，中国农业出版社 2010 年版。

李喜先：《知识系统论》，科学出版社 2011 年版。

张东荪：《知识与文化》，岳麓书社 2011 年版。

魏兴华、汤圣祥：《中国常规稻品种图志》，浙江科学技术出版社 2011 年版。

梁玉多：《渤海农作物品种考》，载《渤海史论集》，中国文史出版社 2013 年版。

潘国君：《寒地粳稻育种》，中国农业出版社 2014 年版。

由天赋主编：《黑龙江省农作物审定品种适用大全》，黑龙江人民出版社 2014 年版。

（清）方登峰、方式济、方观承、吴桭臣：《述本堂诗集·宁古塔纪略》，黑龙江大学出版社 2014 年版。

李明、王思明：《农业文化遗产学》，南京大学出版社 2015 年版。

干志耿、孙秀仁：《黑龙江古代民族史纲》，黑龙江人民出版社 2015 年版。

何露、闵庆文主编：《江西万年稻作文化系统》，中国农业出版社 2015 年版。

潘国君主编：《中国水稻品种志：黑龙江卷》，中国农业出版社 2018 年版。

国家统计局农村社会经济调查司编：《中国县域统计年鉴——2019（乡镇卷）》，中国统计出版社 2020 年版。

费孝通著，方李莉编：《全球化与文化自觉——费孝通晚年文选》，施晓菁译，外语教学与研究出版社 2021 年版。

Clifford Geertz, *Agricultural Involution：The Processes of Ecological Change in Indonesia*, Berkeley, CA：University of California Press, 1963.

Pierre Bourdieu, "Cultural Reproduction and Social Reproduction", in *Knowledge, Education, and Cultural Change*, edited by Richard Brown, London: Tavistock Publications, 1971.

[美]莱斯利·A.怀特:《文化的科学——人类与文明研究》,沈原、黄克克、黄玲伊译,黄世积校,山东人民出版社1988年版。

[美]拉尔夫·林顿:《文化树——世界文化简史》,何道宽译,重庆出版社1989年版。

[英]埃德蒙·利奇:《文化与交流》,卢德平译,华夏出版社1991年版。

G. J. Ashworth, *From history to Heritage—From Heritage to History: Insearch of Concepts and Models*, in G.J.Ashworh and P. J. Larkham (eds.), *Building a New Heritage: Tourism, Culture and Identity in the New Europe*, London: Routledge, 1994.

J. E. Tunbridge, and G. J. Ashworth, *Dissonant Heritage: The Management of the Past as a Resource in Conflict*.Chichester: John Wiley, 1996.

M. Castells, *End of Millennium*, Oxford: Blackwell, 1998.

张矢:《黑龙江水稻》,黑龙江科学技术出版社1998年版。

[美]克利福德·格尔兹:《尼加拉:19世纪巴厘剧场国家》,赵炳祥译,王铭铭校,上海人民出版社1999年版。

[美]克利福德·格尔兹:《文化的解释》,纳日碧力戈等译,王铭铭校,上海人民出版社1999年版。

[德]安德烈·冈德·弗兰克:《依附性积累与不发达》,高戈等译,译林出版社1999年版。

[法]米歇尔·福柯:《词与物:人文科学考古学》,莫伟民译,上海三联书店2002年版。

[美]约翰·菲尼斯:《自然法和自然权利》,董娇娇、杨奕、梁晓晖译,中国政法大学出版社2005年版。

[德]维尔纳·桑巴特:《奢侈与资本主义》,王燕平、侯小河译,上海人民

出版社 2005 年版。

［美］杰里·D.穆尔：《人类学家的文化见解》，欧阳敏、邹乔、王晶晶译，李岩校，商务印书馆 2009 年版。

［美］朱利安·斯图尔德：《文化变迁论》，谭卫华、罗康隆译，杨庭硕校译，贵州人民出版社 2013 年版。

［美］伊曼纽尔·沃勒斯坦：《现代世界体系》（第一卷），郭方、刘新成、张文刚译，郭方校，社会科学文献出版社 2013 年版。

［美］伊曼纽尔·沃勒斯坦：《现代世界体系》（第二卷），郭方、吴必康、钟伟云译，郭方校，社会科学文献出版社 2013 年版。

［美］伊曼纽尔·沃勒斯坦：《现代世界体系》（第三卷），郭方、夏继果、顾宁译，郭方校，社会科学文献出版社 2013 年版。

［美］伊曼纽尔·沃勒斯坦：《现代世界体系》（第四卷），吴英译，庞卓恒校，社会科学文献出版社 2013 年版。

［德］马克斯·舍勒：《知识社会学问题》，艾彦译，北京联合出版公司 2014 年版。

［德］卡尔曼·海姆：《意识形态与乌托邦》，李步楼、尚伟、祁阿红、朱泱译，商务印书馆 2014 年版。

［美］大贯惠美子：《作为自我的稻米：日本人穿越时间的身份认同》，石峰译，浙江大学出版社 2015 年版。

［美］富兰克林·H.金：《四千年农夫：中国、朝鲜和日本的永续农业》，程存旺、石嫣译，东方出版社 2016 年版。

［英］梅因：《东西方乡村社会》，刘莉译，知识产权出版社 2016 年版。

［英］理查德·H.托尼：《中国的土地和劳动》，安佳译，商务印书馆 2014 年版。

［英］德瑞克·吉尔曼：《文化遗产的观念》，唐璐璐、向勇译，东北财经大学出版社 2018 年版。

［法］克洛德·列维－斯特劳斯：《月亮的另一面：一位人类学家对日本的

评论》，于姗译，中国人民大学出版社 2018 年版。

［美］萨拉·贝斯基：《大吉岭的盛名：印度公平贸易茶种植园的劳作与公正》，黄华青译，清华大学出版社 2019 年版。

［澳］罗德尼·哈里森：《文化和自然遗产：批判性思路》，范佳翎等译，上海古籍出版社 2021 年版。

二、期刊与论文

徐基述、权宁朝：《五常县民乐朝鲜族乡朝鲜族农民经济现状的调查》，《黑龙江民族丛刊》1985 年第 3 期。

孙岩松：《寒地水稻品种耐寒性鉴定研究》，《作物品种资源》1987 年第 1 期。

衣保中：《渤海国农牧业初探》，《农业考古》1995 年第 1 期。

惠富平：《中国传统农书整理综论》，《中国农史》1997 年第 1 期。

阎云翔：《家庭政治中的金钱与道义：北方农村分家模式的人类学分析》，《社会学研究》1998 年第 6 期。

张泰湘：《黑龙江省的原始社会考古学研究》，《史前研究》1986 年第 Z1 期。

程方民、钟连进：《不同气候生态条件下稻米品质性状的变异及主要影响因子分析》，《中国水稻科学》2001 年第 3 期。

费孝通、方李莉：《关于西部人文资源研究的对话》，《民族艺术》2001 年第 1 期。

衣保中：《近代朝鲜移民与东北地区水田开发史研究》，博士学位论文，南京农业大学，2002 年。

王铭铭：《"水利社会"的类型》，《读书》2004 年第 11 期。

衣保中：《朝鲜移民与近代东北地区的水田技术》，《中国农史》2002 年第 1 期。

衣保中：《论清末东北地区的水田开发》，《吉林大学社会科学学报》2002 年第 1 期。

韩龙植、曹桂兰：《中国稻种资源收集、保存和更新现状》，《植物遗传资源学报》2005 年第 3 期。

赵世瑜：《祖先记忆、家园象征与族群历史——山西洪洞大槐树传说解析》，《历史研究》2006 年第 1 期。

闵庆文、孙业红：《全球重要农业文化遗产保护需要建立多方参与机制——"稻鱼共生系统多方参与机制研讨会"综述》，《古今农业》2006 年第 3 期。

苑利：《农业文化遗产保护与我们所需注意的几个问题》，《农业考古》2006 年第 6 期。

曹兵武：《文化遗产概念发展与社会进步》，《中国文物报》2006 年 7 月 14 日。

于春英：《朝鲜移民与近代黑龙江地区水田开发》，《农业考古》2007 年第 6 期。

钱耀鹏：《丝绸之路形成的东方因素分析——多样性文化与人类社会的共同进步》，《西北大学学报（哲学社会科学版）》2007 年第 4 期。

王际欧、宿小妹：《生态博物馆与农业文化遗产的保护和可持续发展》，《中国博物馆》2007 年第 1 期。

韩燕平、刘建平：《关于农业遗产几个密切相关概念的辨析——兼论农业遗产的概念》，《古今农业》2007 年第 3 期。

闵庆文、孙业红、成升魁等：《全球重要农业文化遗产的旅游资源特征与开发》，《经济地理》2007 年第 5 期。

韩燕平、刘建平：《关于农业遗产几个密切相关概念的辨析——兼论农遗产的概念》，《古今农业》2007 年第 3 期。

李永乐、闵庆文、成升魁等：《世界农业文化遗产地旅游资源开发研究》，《安徽农业科学杂志》2007 年第 16 期。

王凤梅：《1949 至 1978 年间中国农村现代化进程透视——以山东省为中心》，博士学位论文，山东大学，2007 年。

常旭、吴殿廷、乔妮：《农业文化遗产地生态旅游开发研究》，《北京林业大学学报（社会科学版）》2008 年第 4 期。

彭怀彬：《论奉天当局对朝鲜移民开发水田的政策》,《延边大学学报（社会科学版）》2008 年第 5 期。

孙岩、王苗：《清末民初朝鲜移民东北的影响》,《理论界》2008 年第 4 期。

薛达元、郭泺：《中国民族地区遗传资源及传统知识的保护与惠益分享》,《资源科学》2009 年第 6 期。

孙庆忠：《乡土社会转型与农业文化遗产保护》,《中州学刊》2009 年第 6 期。

闵庆文、孙业红：《农业文化遗产的概念、特点与保护要求》,《资源科学》2009 年第 6 期。

孙庆忠：《乡土社会转型与农业文化遗产保护》,《中州学刊》2009 年第 6 期。

王思明、卢勇：《中国的农业遗产研究：进展与变化》,《中国农史》2010 年第 1 期。

魏兴华、汤圣祥、余汉勇等：《中国水稻国外引种概况及效益分析》,《中国水稻科学》2010 年第 1 期。

李根蟠：《农史学科发展与"农业遗产"概念的演进》,《中国农史》2011 年第 3 期。

何露、闵庆文、袁正：《澜沧江中下游古茶树资源、价值及农业文化遗产特征》,《资源科学》2011 年第 6 期。

谢坚：《农田物种间相互作用的生态系统功能——以全球重要农业文化遗产"稻鱼系统"为研究范例》, 博士学位论文, 浙江大学, 2011 年。

熊礼明、李映辉：《农业文化遗产可持续发展价值与策略探讨》,《求索》2012 年第 5 期。

侯学然：《评柯林武德对历史人类学的影响——读〈尼加拉：19 世纪巴厘剧场国家〉》,《西北民族研究》2012 年第 1 期。

汤圣祥、王秀东、刘旭：《中国常规水稻品种的更替趋势和核心骨干亲本研究》，《中国农业科学》2012 年第 8 期。

孙庆忠、关瑶：《中国农业文化遗产保护：实践路径与研究进展》，《中国农业大学学报（社会科学版）》2012 年第 3 期。

杨筑慧：《糯：一个研究中国南方民族历史与文化的视角》，《广西民族研究》2013 年第 1 期。

张亚辉：《民族志视野下的藏边世界：土地与社会》，《西南民族大学学报》2014 年第 11 期。

衣保中：《近代东北地区朝鲜移民的水田经营研究》，《安庆师范学院学报（社会科学版）》2014 年第 1 期。

孙庆忠：《社会记忆与村落的价值》，《广西民族大学学报（哲学社会科学版）》2014 年第 5 期。

苑利：《正确处理好农业文化遗产保护中的五大关系》，《中国农史》2014 年第 6 期。

王思明：《从历史传统看中美生态农业的实践》，《生态经济》2014 年第 2 期。

张思雯：《宁安地区朝鲜族"流头节"及节日中的音乐》，硕士学位论文，哈尔滨师范大学，2014 年。

任洪昌、林贤彪、王纯等：《地方认同视角下居民对农业文化遗产认知及保护态度：以福州茉莉花与茶文化系统为例》，《生态学报》2015 年第 20 期。

马永超、吴文婉等：《大连王家村遗址炭化植物遗存研究》，《北方文物》2015 年第 2 期。

杨清媚：《"燕京学派"的知识社会学思想及其应用：围绕吴文藻、费孝通、李安宅展开的比较研究》，《社会》2015 年第 4 期。

严海蓉、陈义媛：《中国农业资本化的特征和方向：自下而上和自上而下的资本化动力》，《开放时代》2015 年第 5 期。

李文华：《农业文化遗产的保护与发展》，《农业环境科学学报》2015 年第 1 期。

李明、王思明:《多维度视角下的农业文化遗产价值构成研究》,《中国农史》2015 年第 2 期。

陈亮、余千、肖爱连等:《农业文化与物质遗产资源的产业化开发价值评价》,《青海社会科学》2015 年第 2 期。

曹幸穗:《农业文化遗产的"濒危性"》,《世界遗产》2015 年第 10 期。

孙庆忠:《本土知识的发掘与农业文化遗产保护》,《世界遗产》2015 年第 10 期。

孙庆忠:《佳县泥河沟村以农业遗产保护延续"枣缘社会"》,《世界遗产》2015 年第 11 期。

薛剑文:《集体化时代晋南乡村经济研究——以山西省临猗县北辛乡卓村为个案》,博士学位论文,山西大学,2015 年。

张灿强、沈贵银:《农业文化遗产的多功能价值及其产业融合发展途径探讨》,《中国农业大学学报(社会科学版)》2016 年第 2 期。

李伯华、丁蕾、邢彩英:《农业文化遗产保护:居民支付意愿及影响因素——以湖南紫鹊界梯田为例》,《湖南农业大学学报(社会科学版)》2016 年第 2 期。

张锴:《农业文化遗产的价值认知与保护利用》,《河南农业》2016 年第 34 期。

衣保中、黄彦震:《清末民初东北地区朝鲜移民开发水田及其水利设施管理研究》,《古代灌溉工程现状与保护研讨会》2016 年。

杨筑慧:《糯的神性与象征性探迹:以西南民族为例》,《中央民族大学学报(哲学社会科学版)》2016 年第 6 期。

宋健:《近代朝鲜垦民移居东北与水田开发》,《辽东学院学报(社会科学版)》2016 年第 6 期。

王思明:《农业文化遗产的内涵及保护中应注意把握的八组关系》,《中国农业大学学报(社会科学版)》2016 年第 2 期。

吴平、田阡:《农业文化遗产:乡土社会中的农耕智慧——第六届原生态民族文化高峰论坛综述》，《原生态民族文化学刊》2016 年第 4 期。

王可园：《从生存政治到权利政治：农民政治行为逻辑变迁研究——以 1949—2014 年间的浙北优新村为个案》，博士学位论文，华东师范大学，2016 年。

杨伦、闵庆文、刘某承：《韩国农业文化遗产的保护与发展经验》，《世界农业》2017 年第 2 期。

童玉娥、熊哲、洪志杰、郭丽楠：《中日农业文化遗产保护利用比较与思考》，《世界农业》2017 年第 5 期。

胡兴兴、闵庆文、赖格英：《农业文化遗产非使用价值支付意愿的区域差异——以江西崇义客家梯田系统为例》，《资源科学》2017 年第 4 期。

王禹浪、谢春河、王俊铮：《东北稻种的传播路线与五常大米的由来》，《黑龙江民族丛刊》2017 年第 3 期。

杨筑慧：《南方少数民族传统稻作农耕及其生态意涵初探》，《农业考古》2017 年第 6 期。

张爱平、侯兵、马楠：《农业文化遗产地社区居民旅游影响感知与态度——哈尼梯田的生计影响探讨》，《人文地理》2017 年第 1 期。

刘强：《中国水稻种植农户土地经营规模与绩效研究》，博士学位论文，浙江大学，2017 年。

行龙：《集体化时代农村社会研究》，《山西大学学报（哲学社会科学版）》2018 年第 1 期。

央卓、汤芸：《从神圣王权到民族主义的符号史学——〈作为自我的稻米〉中日本人身份认同的自我隐喻》，《民族学刊》2018 年第 2 期。

赵佩霞、于湛瑶：《中国重要农业文化遗产中梯田类遗产的保护研究》，《古今农业》2018 年第 3 期。

吴合显：《论重要农业文化遗产的当代创新利用》，《中国农史》2018 年第 1 期。

孙庆忠：《乡村振兴与农业文化遗产保护的多方参与机制》，《世界遗产》

2018 年第 Z1 期。

卢勇、余加红：《传统农业文化遗产中的农业伦理挖掘与研究——以广西龙脊梯田为例》，《古今农业》2018 年第 4 期。

闵庆文、张碧天：《稻作农业文化遗产及其保护与发展探讨》，《中国稻米》2019 年第 6 期。

梁勇、闵庆文：《宁夏重要农业文化遗产的保护与利用研究》，《遗产与保护研究》2019 年第 11 期。

王斌、闵庆文：《浙江省农业文化遗产保护与发展浅议》，《遗产与保护研究》2019 年第 11 期。

贺雪峰：《农民组织化与再造村社集体》，《开放时代》2019 年第 3 期。

杨芳、所怡君、周竺：《农业文化遗产价值评估探索及保护对策研究——以元阳哈尼梯田为例》，《中国资产评估》2019 年第 3 期。

乔丹、柯水发、李乐晨：《国外乡村景观管理政策、模式及借鉴》，《林业经济》2019 年第 7 期。

孙超：《农业文化遗产资源融入乡村振兴的机遇与对策》，《江淮论坛》2019 年第 3 期。

陈志国、谭砚文、龙文军：《传承农耕文明　助推乡村振兴——首届"农耕文明与乡村文化振兴学术研讨会"综述》，《农业经济问题》2019 年第 4 期。

王思明：《农业文化遗产概念的演变及其学科体系的构建》，《中国农史》2019 年第 6 期。

曹俊杰：《新中国成立 70 年农业现代化理论政策和实践的演变》，《中州学刊》2019 年第 7 期。

张亚辉：《费孝通的两种共同体理论：对比较研究的反思与重构》，《中央民族大学学报（哲学社会科学版）》2020 年第 5 期。

张亚辉、庄柳：《乡土工业到园艺改革——论费孝通关于乡村振兴路径的探索》，《厦门大学学报（哲学社会科学版）》2020 年第 1 期。

陈学兵：《乡村振兴背景下农民主体性的重构》，《湖北民族大学学报（哲学社会科学版）》2020 年第 1 期。

何思源、李禾尧、闵庆文：《农户视角下的重要农业文化遗产价值与保护主体》，《资源科学》2020 年第 5 期。

潘立建：《论近代通化地区朝鲜移民水田开发》，《吉林广播电视大学学报》2020 年第 8 期。

朱冠楠、闵庆文：《对农业文化遗产保护的历史与文化反思》，《原生态民族文化学刊》2020 年第 4 期。

陈茜：《农业文化遗产在乡村振兴中的价值与转化》，《原生态民族文化学刊》2020 年第 3 期。

赖景执：《略论重要农业文化遗产之乡土性》，《原生态民族文化学刊》2020 年第 6 期。

杨成：《农业文化遗产的结构特点与历史渊源——以黔、桂、湘、渝毗邻地区"糯稻文化圈"为例》，《原生态民族文化学刊》2020 年第 3 期。

孙庆忠：《枣韵千年：全球重要农业文化遗产的保护行动》，《金融博览》2020 年第 7 期。

闵庆文、张碧天、刘某承：《加强农业文化遗产保护研究　助推脱贫攻坚和乡村振兴战略——"第六届全国农业文化遗产大会"综述》，《古今农业》2020 年第 1 期。

朱娅、李明：《农业文化遗产话语互动、变迁及体系建构》，《中国农史》2020 年第 6 期。

郑丽丽：《朝鲜族民俗节庆文化保护与开发策略探析——以黑龙江省宁安地区流头节为例》，《黑龙江民族丛刊》2020 年第 4 期。

吴灿、王梦琪：《中国农业文化遗产研究的回顾与展望》，《社会科学家》2020 年第 12 期。

贺建武：《黔东南农业文化遗产地"稻花鱼"资源利用的传统知识研究》，博士学位论文，中央民族大学，2020 年。

伽红凯、卢勇：《农业文化遗产与乡村振兴：基于新结构经济学理论的解释与分析》,《南京农业大学学报（社会科学版）》2021 年第 2 期。

徐业鑫:《文化失忆与重建:基于社会记忆视角的农业文化遗产价值挖掘与保护传承》,《中国农史》2021 年第 2 期。

刘洋、[日]松田阳:《经济振兴与日本文化遗产的活用思路》,《文化遗产》2021 年第 2 期。

张灿强、吴良:《中国重要农业文化遗产:内涵再识、保护进展与难点突破》,《华中农业大学学报（社会科学版）》2021 年第 1 期。

周星:《民俗语汇·地方性知识·本土人类学》,《社会学评论》2021 年第 3 期。

侯学然、王荣升:《五常市特色水稻品种的历史与现状研究——从松 93-8 到稻花香 2 号》,《中国种业》2021 年第 3 期。

陈茜、罗康隆:《农业文化遗产复兴的当代生态价值研究——以湖南花垣子腊贡米复合种养系统为例》,《贵州社会科学》2021 年第 9 期。

焦雯珺、崔文超、闵庆文等:《农业文化遗产及其保护研究综述》,《资源科学》2021 年第 4 期。

伽红凯、陈晖:《GIAHS 农业文明互鉴的理论逻辑、实践探索与路径思考》,《中国农业大学学报（社会科学版）》2022 年第 3 期。

卢成仁:《农业文化遗产研究的五个层面及其方法论问题:社会科学的视角》,《中国农业大学学报（社会科学版）》2022 年第 3 期。

于哲:《从文化扶贫到社区营造:陕西佳县泥河沟村的实践路径》,《中国农业大学学报（社会科学版）》2022 年第 3 期。

陈俞全:《农业文化遗产参与农食系统转型的现实意义与关键议题》,《中国农业大学学报（社会科学版）》2022 年第 3 期。

侯学然:《农业科研机构与农民育种家的合作机制研究——以五常水稻育种为例》,《智慧农业导刊》2022 年第 11 期。

张灿强、林煜:《农业景观价值及其旅游开发的农户利益关切》,《中国农业大学学报（社会科学版）》2022 年第 3 期。

孙业红、武文杰、宋雨新：《农业文化遗产旅游与乡村振兴耦合关系研究》，《西北民族研究》2022 年第 2 期。

王福州：《论非物质文化遗产的本质》，《中国非物质文化遗产》2022 年第 2 期。

徐业鑫、王利伟、任玉洁：《农业文化遗产理论研究 20 年的中国探索与展望》，《山西农业大学学报（社会科学版）》2022 年第 4 期。

［美］Martha G.R.、［中］杨国安：《可持续发展研究方法国际进展——脆弱性分析方法与可持续生计方法比较》，《地理科学进展》2003 年第 1 期。

Min Q., Sun Y., Frank van S., et al., "The GIAHS-Rice-Fish Culture: China Project Frame Work", *Resource Sciences*, Vol.31, No.1, 2009.

Mojgan Ghorbanzadeh, "Rural Tourism Entrepreneurship Survey with Emphasis on Ecomuseum Concept", *Civil Engineering Journal*, Vol.4, No.1, 2018.

Brian Graham, "Heritage as Knowledge: Capital or Culture?", *Urban Studies*, Vol.39, No.5–6, 2022, pp.1003–1017.

Gibson J.J., "The Theory of Affordances", in R. Shaw and J. Bransford (eds.), *Perceiving, Acting, and Knowing: Toward an Ecological Psychology*, Hillsdale, NJ: Lawrence Erlbaum, 1977.

三、方志与文史材料

王世选等：《宁安县志》卷三，古迹·古城条，1924 年铅印本版。

曹廷杰：《东三省舆地图说》，《辽海丛书》第七集，辽海书社铅印本 1932 年版。

景方昶：《东北舆地释略》卷三，《辽海丛书》第三集，辽海书社铅印本 1932 年版。

东亚考古学会编：《东京城》，日本东京 1939 年版。

黑龙江省地质局编：《中华人民共和国区域水文地质普查报告》（牡丹江市幅），1976 年。

中国社会科学院近代史研究所编：《沙俄侵华史》第一卷，人民出版社 1976 年版。

宁安县教育科宁安县地理学会编：《宁安县地理》，内部资料，1979 年。

黑龙江省宁安县民间文学三套集成编委会编：《宁安县民间歌谣谚语集成》，1987 年。

黑龙江省宁安县水利局编：《宁安县水利志》，内部资料，1987 年。

宁安县志编纂委员会编：《宁安县志》，黑龙江人民出版社 1989 年版。

中国人民政治协商会议宁安县委员会文史资料研究委员会编：《宁安文史资料》第五辑，内部资料，1989 年。

木兰县政协编：《木兰县文史资料》第七辑，1992 年。

宁安市委宣传部编：《宁安》，哈尔滨地图出版社 2000 年版。

中共宁安市委宣传部、宁安市文学艺术界联合会编：《镜泊湖畔历史文化名城宁安》，哈尔滨地图出版社 2000 年版。

王宗有、关治平主编：《革命老区宁安》，黑龙江朝鲜民族出版社 2005 年版。

张万林、刘文泽、朱文光编著：《古今宁安》，黑龙江朝鲜民族出版社 2009 年版。

杨冬梅、关治平主编：《历史文化名城宁安》，黑龙江人民出版社 2016 年版。

四、其他材料

国家水稻数据中心（https：//www.ricedata.cn/）。

联合国粮农组织：《全球重要农业文化遗产的背景之战略和方法》（https：//www.fao.org/giahs/background/strategy—and—approach/zh/）。

中文维基百科：全球重要农业文化遗产（https：//www.so.studiodahu.com/wiki/%E5%85%A8%E7%90%83%E9%87%8D%E8%A6%81%E5%86%9C%E4%B8%9A%E6%96%87%E5%8C%96%E9%81%97%E4%BA%A7）。

宁安市政府网站（http：//www.ningan.gov.cn/list.php?id=152）。

联合国粮食及农业组织对全球重要农业文化遗产的界定（https：//www.fao.org/giahs/zh/）。

《农业部关于开展中国重要农业文化遗产发掘工作的通知》（http：//www.moa.gov.cn/nybgb/2012/dsiq/201805/t20180514_6141988.htm）。

联合国粮农组织"农业生物多样性"（https：//www.fao.org/giahs/become—a—giahs/selection—criteria—and—action—plan/zh/）。

中文百科：黑龙江宁安响水稻作文化系统（http：//zy.zwbk.org/index.php?title=%E9%BB%91%E9%BE%99%E6%B1%9F%E5%AE%81%E5%AE%89%E5%93%8D%E6%B0%B4%E7%A8%BB%E4%BD%9C%E6%96%87%E5%8C%96%E7%B3%BB%E7%BB%9F）。